Regelmechanismen für die Formsicherung im Automobilbau

Ein Beitrag zur Minimierung von Gestaltabweichungen und Streuungen

Von der Fakultät Konstruktions– und Fertigungstechnik
der Universität Stuttgart
zur Erlangung der Würde eines
Doktor–Ingenieurs (Dr.–Ing.)
genehmigte Abhandlung

Vorgelegt von
Dipl.–Ing. Franz Eberle

Hauptberichter: Prof. Dr.–Ing. Dr. h.c. mult. H.–J. Warnecke
Mitberichter: Prof. Dr.–Ing. G. Lechner

Tag der Einreichung: 14.02.1996
Tag der mündlichen Prüfung: 18.04.1997

Franz Eberle

Regelmechanismen für die Formsicherung im Automobilbau

Mit 53 Abbildungen und 22 Tabellen

Springer

Dr.-Ing. Franz Eberle
Fraunhofer-Institut für Produktionstechnik und Automatisierung (IPA), Stuttgart

Prof. Dr.-Ing. Dr. h. c. mult. H. J. Warnecke
o. Professor an der Universität Stuttgart
Fraunhofer-Institut für Produktionstechnik und Automatisierung (IPA), Stuttgart

Prof. Dr.-Ing. habil. Prof. E. h. Dr. h. c. H.-J. Bullinger
o. Professor an der Universität Stuttgart
Fraunhofer-Institut für Arbeitswirtschaft und Organisation (IAO), Stuttgart

D 93

ISBN-13: 978-3-540-63325-9   e-ISBN-13: 978-3-642-47905-2
DOI: 10.1007/ 978-3-642-47905-2

Gesamtherstellung: Copydruck GmbH, Heimsheim
SPIN 10636081   62/3020–543210

Geleitwort der Herausgeber

Über den Erfolg und das Bestehen von Unternehmen in einer marktwirtschaftlichen Ordnung entscheidet letztendlich der Absatzmarkt. Das bedeutet, möglichst frühzeitig absatzmarktorientierte Anforderungen sowie deren Veränderungen zu erkennen und darauf zu reagieren.

Neue Technologien und Werkstoffe ermöglichen neue Produkte und eröffnen neue Märkte. Die neuen Produktions- und Informationstechnologien verwandeln signifikant und nachhaltig unsere industrielle Arbeitswelt. Politische und gesellschaftliche Veränderungen signalisieren und begleiten dabei einen Wertewandel, der auch in unseren Industriebetrieben deutlichen Niederschlag findet.

Die Aufgaben des Produktionsmanagements sind vielfältiger und anspruchsvoller geworden. Die Integration des europäischen Marktes, die Globalisierung vieler Industrien, die zunehmende Innovationsgeschwindigkeit, die Entwicklung zur Freizeitgesellschaft und die übergreifenden ökologischen und sozialen Probleme, zu deren Lösung die Wirtschaft ihren Beitrag leisten muß, erfordern von den Führungskräften erweiterte Perspektiven und Antworten, die über den Fokus traditionellen Produktionsmanagements deutlich hinausgehen.

Neue Formen der Arbeitsorganisation im indirekten und direkten Bereich sind heute schon feste Bestandteile innovativer Unternehmen. Die Entkopplung der Arbeitszeit von der Betriebszeit, integrierte Planungsansätze sowie der Aufbau dezentraler Strukturen sind nur einige der Konzepte, die die aktuellen Entwicklungsrichtungen kennzeichnen. Erfreulich ist der Trend, immer mehr den Menschen in den Mittelpunkt der Arbeitsgestaltung zu stellen - die traditionell eher technokratisch akzentuierten Ansätze weichen einer stärkeren Human- und Organisationsorientierung. Qualifizierungsprogramme, Training und andere Formen der Mitarbeiterentwicklung gewinnen als Differenzierungsmerkmal und als Zukunftsinvestition in *Human Recources* an strategischer Bedeutung.

Von wissenschaftlicher Seite muß dieses Bemühen durch die Entwicklung von Methoden und Vorgehensweisen zur systematischen Analyse und Verbesserung des Systems Produktionsbetrieb einschließlich der erforderlichen Dienstleistungsfunktionen unterstützt werden. Die Ingenieure sind hier gefordert, in enger Zusammenarbeit mit anderen Disziplinen, z.B. der Informatik, der Wirtschaftswissenschaften und der Arbeitswissenschaft, Lösungen zu erarbeiten, die den veränderten Randbedingungen Rechnung tragen.

Die von den Herausgebern geleiteten Institute, das

- Institut für Industrielle Fertigung und Fabrikbetrieb der
  Universität Stuttgart (IFF),

- Institut für Arbeitswissenschaft und Technologiemanagement (IAT)

- Fraunhofer-Institut für Produktionstechnik und Automatisierung
  (IPA),

- Fraunhofer-Institut für Arbeitswirtschaft und Organisation (IAO)

arbeiten in grundlegender und angewandter Forschung intensiv an
den oben aufgezeigten Entwicklungen mit. Die Ausstattung der
Labors und die Qualifikation der Mitarbeiter haben bereits in der
Vergangenheit zu Forschungsergebnissen geführt, die für die Praxis
von großem Wert waren. Zur Umsetzung gewonnener Erkenntnisse wird
die Schriftenreihe "IPA-IAO - Forschung und Praxis" herausgegeben.
Der vorliegende Band setzt diese Reihe fort. Eine Übersicht über
bisher erschienene Titel wird am Schluß dieses Buches gegeben.

Dem Verfasser sei für die geleistete Arbeit gedankt, dem Springer-
Verlag für die Aufnahme dieser Schriftenreihe in seine Angebots-
palette und der Druckerei für saubere und zügige Ausführung. Möge
das Buch von der Fachwelt gut aufgenommen werden.

                         H.J. Warnecke   H.-J. Bullinger

Vorwort

Die vorliegende Arbeit entstand während meiner Tätigkeit als Doktorand in der BMW AG (München) in Zusammenarbeit mit dem Fraunhofer–Institut für Produktionstechnik und Automatisierung (Stuttgart).

Herrn Prof. Dr.–Ing. Dr. h.c. mult. H.–J. Warnecke danke ich für die großzügige Unterstützung und Förderung, welche die Durchführung dieser Arbeit ermöglichte.

Herrn Prof. Dr.–Ing. G. Lechner danke ich für die eingehende Durchsicht der Arbeit und die sich daraus ergebenden Hinweise.

Darüberhinaus danke ich allen Mitarbeitern der BMW AG und des Fraunhofer–Instituts, die mich durch ihre anregende Kritik und Hilfsbereitschaft unterstützt haben. Mein besonderer Dank gilt den Herren Dr. W. Steger, Dr. K. Melchior und Frau Dr. S. Roth–Koch vom Fraunhofer–Institut sowie den Herren Dr. R. Scheiber, Prof. Dr. R. Schuster und Herrn Dipl.–Ing. K. Kloos.

Die Arbeit ist meiner Frau und meinen beiden Töchtern Kalina und Alenka gewidmet.

Inhaltsverzeichnis

Formelzeichen

$\underline{a}^T\underline{b}$	Matrizenmultiplikation
$\underline{a}_1,\ \underline{a}_2 \in IR^3$	Differenzenvektoren von Ist–Punkten
$\underline{a}_1',\ \underline{a}_2' \in IR^3$	Orthonormalbasen aus $\underline{a}_1$ und $\underline{a}_2$
$\underline{b}_1,\ \underline{b}_2 \in IR^3$	Differenzenvektoren von Soll–Punkten
$\underline{b}_1',\ \underline{b}_2' \in IR^3$	Orthonormalbasen aus $\underline{b}_1$ und $\underline{b}_2$
$\underline{\underline{C}} \in IR^{3\times3}$	Euler–Matrix
d_i	Abstand des i–ten Punktes
$Df\!\left(\underline{q}^{(0)}\right)$	Jakobimatrix von $\underline{f}$ an der Stelle $\underline{q}^{(0)}$
$\underline{\underline{E}} \in IR^{3\times3}$	Einheitsmatrix
$\underline{f}$	Transformationsvektor
$\underline{f}_i$	Transformationsvektor $\underline{f}$ für den i–ten Meßpunkt
M	Funktional
i	Index
$\underline{k}_i \in IR^3$	Kantenvektor
$\underline{l}_i \in IR^3$	Beschnittnormale
$\underline{n}_i \in IR^3$	Normalenvektor eines 3D–Meßpunktes
N	Anzahl Meßpunkte
$O^+(3)$	Orthonormalbasis des IR^3
$\underline{p} \in IR^3$	Parameter der Euler–Formel
$\underline{q} \in IR^6$	Lösungsvektor
$\underline{q}^{(0)}$	Näherungsvektor
$range$	Raum aller Bilder
$\underline{r}_i$	Abstandsvektor $\underline{r}$ für den i–ten Meßpunkt
$\underline{\underline{R}} \in IR^{3\times3}$	Orthogonale Matrix (Rotationsmatrix)
$\underline{\underline{R}}_0 \in IR^{3\times3}$	Orthogonale Matrix (Startiterierte)
$\underline{\underline{S}} \in IR^{3\times3}$	Skalierungsmatrix

$span(\underline{a}_1, \underline{a}_2)$	Ebene (Definition durch zwei Vektoren)
Spur	Summe der Hauptdiagonalelemente einer Matrix
$\underline{t} \in IR^3$	Translationsvektor
$tol\_u_i \in IR$	Untere Einpaß–Toleranz
$tol\_o_i \in IR$	Obere Einpaß–Toleranz
$\underline{t}_0 \in IR^3$	Translationsvektor (Startiterierte)
$\underline{\underline{T}}$	Drehmatrix
$\underline{\underline{T}}_1(\alpha)$	Drehmatrix um die x–Achse
$\underline{\underline{T}}_2(\beta)$	Drehmatrix um die y–Achse
$\underline{\underline{T}}_3(\gamma)$	Drehmatrix um die z–Achse
$\underline{x}_i \in IR^3$	Vektor des i–ten Ist–Meßpunktes
$x_{i,1}, x_{i,2}, x_{i,3} \in IR$	Komponenten des i–ten Ist–Meßpunktes
$\underline{y}_i \in IR^3$	Vektor des i–ten Soll–Meßpunktes
$y_{i,1}, y_{i,2}, y_{i,3} \in IR$	Komponenten des i–ten Soll–Meßpunktes
α	Drehwinkel um die x–Achse
β	Drehwinkel um die y–Achse
γ	Drehwinkel um die z–Achse
δ	Faktor
$\Delta\underline{q}$	Linearisierungsvektor
$\lambda_1, \lambda_2, \lambda_3$	Skalierungsfaktoren
μ	Faktor
ς	Parameter der Euler–Formel
ω	Drehwinkel

Abkürzungen

Abw. n	Abweichung in Normalenrichtung
Ber	Meßpunkt–Bereich (Zuordnung)
CAD	Computer Aided Design
CAQ	Computer Aided Quality Assurance

CIM	Computer Integrated Manufacturing
DFÜ	Datenfernübertragung
DGQ	Deutsche Gesellschaft für Qualität
DMIS	Dimensional Measuring Interface Specification
D.O.E.	Design of Experiments
FMEA	Fehler−Möglichkeits− und Einflußanalyse
IGES	Initial Graphics Exchange Specification
KMG	Koordinatenmeßgerät
MFU	Maschinenfähigkeitsuntersuchung
NC	Numerical Control
Nr	Meßpunkt−Nummer
O−Gre	Obere Grenze der Einpaßtoleranz in Normalenrichtung
PPS	Produktionsplanung und −steuerung
PFU	Prozeßfähigkeitsuntersuchung
QDES	Quality Data Exchange Specification
QFD	Quality Function Deployment
QS	Qualitätssicherung
R	Regler
S	Regelstrecke
SPC	Statistical Process Control
U−Gre	Untere Grenze der Einpaßtoleranz in Normalenrichtung
VDA	Verband Deutscher Automobilindustrie
VDAFS	Verband Deutscher Automobilindustrie−Flächenschnittstelle
W	Führungsgröße
X	Regelgröße
Y	Stellgröße
Z	Störungsgröße

1　　Einleitung

Die Produktqualität stellt heute im Hinblick auf die Kundenzufriedenheit ein wichtiges Merkmal und Erfolgskriterium für ein Unternehmen dar und trägt zunehmend zur Kaufentscheidung der Kunden bei. Entscheidend ist dabei auch die Fähigkeit, den erwarteten Kundenwunsch schnell in ein konkretes Produkt mit spezifischen Eigenschaften umzusetzen /1, 2, 3, 4/.

Im Automobilbau kristallisiert sich die spezifische Eigenschaft der Form eines Produktes am Ende eines komplexen Produktentstehungsprozesses sowohl an den Einzelteilen als auch an den Baugruppen des Enderzeugnisses heraus. Die einzelnen Phasen dieses Produktentstehungsprozesses erstrecken sich über die Definitions− und Entwurfsphase, die Entwicklungs− und Produktionsplanungsphase, die Beschaffungs− und Vorserienphase sowie die Serienphase. Die Prozesse innerhalb dieser Phasen beeinflussen die Form des Enderzeugnisses.

Als Hilfsmittel zur Beurteilung der Form wird überwiegend die Koordinatenmeßtechnik eingesetzt. Mit ihrer Hilfe wird die Istoberfläche durch diskrete Meßpunkte erfaßt und mit den Vorgaben der Prüfplanung verglichen. Basis der Prüfplanung ist die geometrische Oberfläche (Gestalt), welche durch das CAD−Datenmodell beschrieben wird. Im Bereich der Formsicherung von Einzel− und Serienteilen werden Gestaltabweichungen bzw. Streuungen durch den Vergleich der geometrischen Oberfläche mit der Istoberfläche bestimmt. Hierfür werden diskrete Soll−Meßpunkte den zugehörigen Ist−Meßpunkten gegenübergestellt.

Mit Hilfe der ermittelten Gestaltabweichungen an komplexen Einzelteilen der Karosserie werden Funktionen beurteilt. Grundlage der Bewertung ist eine Vielzahl von diskreten Meßpunkten. Hierbei stellt sich das Problem, Zusammenhänge zwischen Gestaltabweichungen und Karosseriefunktionen abzuleiten. Diese Zusammenhänge sind für Korrekturen im Qualitätsregelkreis der Formsicherung notwendig.

Die Formsicherung von Einzelteilen basiert bisher auf der Überprüfung einer bestimmten Anzahl von Meßpunkten in einem globalen Koordinatensystem, das für alle Einzelteile und Baugruppen gilt. Differenzierte Betrachtungen sind heute nur möglich, wenn Gestaltabweichungen in einem lokalen Koordinatensystem in Abhängigkeit funktionstragender Wirkflächen ermittelt werden. Beispielsweise werden Gestaltabweichungen von Einzelteilen aus dem Preßwerk entsprechend funktionstragender Wirkflächen bestimmt. Im Werkzeugbau hingegen steht die Form im Vordergrund, um eventuelle Werkzeugkorrekturen beurteilen und durchführen zu können. In diesen Fällen müssen Gestaltabweichungen unter Einsatz kostenintensiver Ressourcen ständig neu ermittelt werden.

Eine wichtige Forderung für eine Lösung des oben beschriebenen Problems muß deshalb sein, Meßergebnisse hinsichtlich der zu erfüllenden Funktionen eines Produktes zu ermitteln. Im Rahmen dieser Arbeit werden derartig differenzierte Betrachtungen anhand einmal gewonnener Meßergebnisse abgeleitet. Hierfür werden rechnerunterstützte Algorithmen entwickelt, die es ermöglichen, Zusammenhänge zwischen Gestaltabweichungen und Funktionen herzustellen.

Bei Serienteilen des Karosseriebaus werden statistische Auswertungen der Gestaltabweichungen berechnet. Aufgrund der großen Stückzahl werden allerdings nur Stichproben gemessen, die ausgeprägte Schwankungen (Streuungen) aufweisen können. Zur Reduzierung dieser Streuungen werden Verbesserungsmaßnahmen aufgrund von Expertenwissen durchgeführt. Auswirkungen dieser Korrekturen sind erst nach einer erneuten Meßdatenerfassung bzw. Meßdatenauswertung ersichtlich, da Haupteinflußgrößen und Wechselwirkungen von Streuungen unbekannt sind.

In dieser Arbeit wird für die Aufgabe der Reduzierung von Streuungen ein systematischer Ablauf für die Analyse von Haupteinflußgrößen einschließlich Wechselwirkungen entwickelt. Grundlage dieses Ablaufs sind statistische Methoden der Versuchsplanung, mit denen die Analyse durchgeführt wird. Bisherige Lösungsansätze enthalten keine detaillierten Abläufe für den Karosseriebau bzw. für die Formsicherung. Ausgangspunkt waren bekannte Vorgehensweisen und Erfahrungen, die aus bereits durchgeführten Versuchen resultierten und mit deren Hilfe ein Ablaufmodell zur Minimierung von Streuungen hergeleitet wird.

Um diesen Mangel zu beseitigen, wird der realisierte Ablauf zur Minimierung von Streuungen an Serienteilen in den Gesamtkomplex der Formsicherung integriert. Weiterhin werden die oben erwähnten Algorithmen zur Minimierung von Gestaltabweichungen an Einzelteilen in die Formsicherung eingebunden. Dies erfolgt auf der Basis eines ebenfalls entwickelten Ablaufmodells der Formsicherung.

Die entwickelten Algorithmen und Abläufe liefern einen Beitrag zur Reduzierung von kostenintensiven Meß – und Prüfeinrichtungen sowie damit verbundenen Kosten der Qualitätssicherungsstellen, die durch die Prüfmitteleinsatzplanung, Prüfmittelüberwachung, Prüfplanerstellung, Prüfdatenerfassung und Prüfdatenauswertung verursacht werden. Weiterhin werden durch die Algorithmen und Abläufe die Qualitätslenkung und –steuerung unterstützt, damit Qualitätsaussagen über die Form schneller als bei bisherigen Vorgehensweisen hergeleitet werden können.

2 Problemstellung

Zunächst wird in diesem Kapitel der Produktentstehungsprozeß einer Karosserie skizziert, um den Bezug zu Anwendungen dieser Arbeit aufzubauen (Vgl. Kap. 2.1). Anschließend wird die Betrachtung auf die wesentlichen Prozeßschritte gerichtet, welche für die Formsicherung von Bedeutung sind (Vgl. Kap. 2.2). Hierfür ist es notwendig, die Ursachen von Gestaltabweichungen und Streuungen zu kennen (Vgl. Kap. 2.3). Die im Rahmen dieser Arbeit bearbeiteten Problempunkte und deren Maßnahmen zur Behebung werden in Kapitel 2.4 bzw. 2.5 beschrieben.

Die im Glossar aufgeführten Begriffe tragen zum besseren Verständnis der folgenden Kapitel bei.

2.1 Produktentstehungsprozeß

Prozesse/Phasen Schritt	Entwicklungs- und Planungsprozeß			Fertigungs-prozeß
	Definitions- und Entwurfsphase	Entwicklungs- und Produktions-planungsphase	Beschaffungs- und Vorserienphase	Serienphase

1. Design
  – Entwicklung
  – Digitalisierung
	Stylingmodell
	Daten			

2. Konstruktion		CAD–Modell[1]		
3. Musterbau		Konzeptaufbau		

4. Werkzeugbau
  – Urmodelle
  – Digitalisierung
 	
  – Fertigungs-
    mittel
			Urmodelle
			Daten,
			CAD–Modell[2]
			Fertigungsmittel,
			Prüfmittel	

5. Prototypenbau			Prototypen, Erstmuster	
6. Preßwerk				Preßteile
7. Rohbau				Karosserien

[1] Konstruktionsqualität   [2] Fertigungsmittelqualität

Bild 1: Produkte in den Phasen des Produktentstehungsprozesses /5/

Die einzelnen Phasen des Produktentstehungsprozesses, in denen ein neues Produkt und die Hilfsmittel dafür entwickelt, geplant und hergestellt werden, erstrecken sich über die Definitions– und Entwurfsphase, die Entwicklungs– und Produktionsplanungsphase, die Beschaffungs– und Vorserienphase sowie die Serienphase. Die Prozesse innerhalb dieser Phasen beeinflußen die Form des Enderzeugnisses.

Die in Bild 1 dargestellten Phasen sind zum Zwecke des besseren Überblicks sequentiell aufgeführt. In Wirklichkeit weist der Produktentstehungsprozeß viele Schleifen und parallele Arbeitsschritte auf:

1. Schritt: Design

Das Design des Exterieurs und Interieurs eines Automobils wird als Basis für die Konstruktion entwickelt. Hierfür wird entweder ein Tonmodell oder in weiter entwickelten Stufen bereits ein rechnerunterstütztes Datenmodell erstellt. Dieses Modell wird als Stylingmodell bezeichnet.

Ausgewählte, physikalische Stylingmodelle werden durch Digitalisierung mit Hilfe der Koordinatenmeßtechnik erfaßt. Dazu werden Punkte (x−, y− und z−Koordinaten) in einem räumlichen Koordinatensystem mit taktilen oder berührungslosen Meßeinrichtungen aufgenommen.

2. Schritt: Konstruktion

Die Konstruktion eines Produktes wird anhand der Digitalisierungsdaten aus dem vorhergehenden Schritt abgeleitet und in eine funktionale Gestalt überführt /6/. Dabei wird die Konstruktion unter qualitäts−, fertigungs− und montagetechnischen als auch wirtschaftlichen Kriterien weiterentwickelt. Das Ergebnis wird in technischen Zeichnungen oder CAD−Datenmodellen beschrieben.

Im CAD−Umfeld stehen zur Beschreibung eines rechnergestützten Datenmodells Werkzeuge zur Verfügung, mit denen die Gestalt eines neuen Produktes, bestehend aus regelgeometrischen Elementen und Freiformflächen, abgebildet werden kann.

3. Schritt: Musterbau

Im Musterbau werden anhand des CAD−Datenmodells bzw. der technischen Zeichnung die ersten Konzeptaufbauten zusammengestellt. Diese werden zu einem hohen Grad manuell gefertigt. Am Konzeptaufbau wird der Einbauraum in Abhängigkeit der Größe und der kinematischen Funktionen von Einbauteilen untersucht.

4. Schritt: Werkzeugbau

Die geometrische Beschreibung des Konstrukteurs bildet die Grundlage für die Entwicklung physikalischer Modelle (Urmodelle). Diese Modelle wiederum bilden die Grundlage für den Werkzeugbau. Urmodelle sind aber nur für qualitativ hochwertige Produkte im Hinblick auf die Form erforderlich.

Weiterentwickelte und modifizierte Urmodelle werden mit Hilfe der Koordinatenmeßtechnik digitalisiert, um somit auch Änderungen an den Urmodellen im CAD−Datenmodell aktualisieren zu können (Flächenrückführung).

Fertigungs− und Prüfmittel werden auf der Basis von CAD−Datenmodellen oder Urmodellen in Fertigungsmittelqualität entwickelt.

5. Schritt: Prototypenbau

Erste Prototypen werden mit seriennahen Fertigungsmitteln hergestellt, um ferti-
gungs–, montage– und qualitätstechnische Analysen durchzuführen. Diese Prototypen
werden aber auch zu Fahr– bzw. Crashversuchen eingesetzt. Danach werden Erstmuster einer neuen Produktionsserie unter Serienbedingungen gefertigt.

6. Schritt: Preßwerk

Einzelteile der Serie werden im Preßwerk mit den neu entwickelten Fertigungsmitteln
produziert.

7. Schritt: Rohbau

Die Einzelteile werden im Rohbau zu Karosserien zusammengefügt.

Die Aufgabe der Formsicherung innerhalb des oben aufgeführten Produktentstehungsprozesses besteht in der Sicherstellung der Qualität, die durch die Konstruktion der Einzelteile
oder Baugruppen vorgegeben wird. Im Vordergrund stehen funktionstragende Wirkflächen dieser Produkte wie z.B. Anschlußflächen benachbarter Bauteile.

2.2   Anwendungsfeld der Arbeit

Aufgrund der komplexen Formsicherung im gesamten Produktentstehungsprozeß wird die
Betrachtung auf diejenigen Prozeßschritte eingeschränkt, in denen Gestaltabweichungen
mit Hilfe der Koordinatenmeßtechnik ermittelt werden. Dies betrifft hauptsächlich das
Preßwerk, den Rohbau sowie den Werkzeug– und Prototypenbau. In diesen Bereichen findet der Einsatz der entwickelten Abläufe und Algorithmen statt (Vgl. Bild 2).

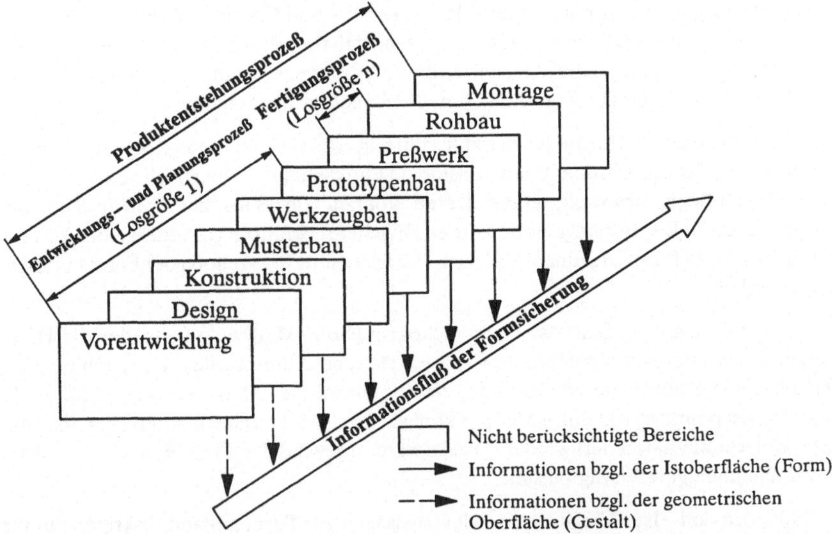

Bild 2:   Anwendungsfelder der Arbeit im Produktentstehungsprozeß

2.3   Gestaltabweichungen und Streuungen eines Produktes

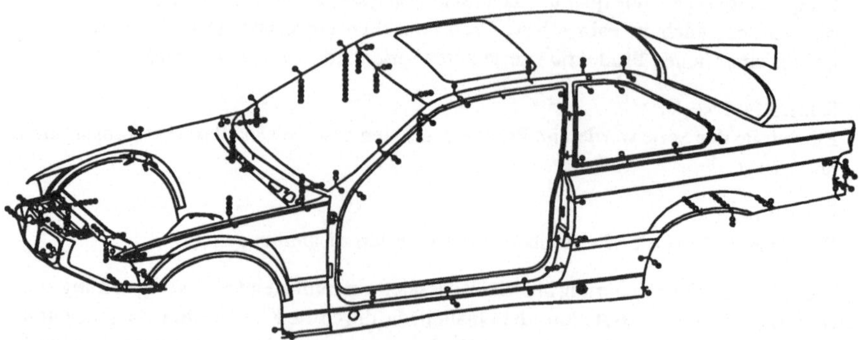

Bild 3: Lokale Gestaltabweichungen (Strahlen) der Karosserie (Quelle: BMW)

Die betrachteten Formen von Produkten wie Stylingmodelle, Urmodelle, Fertigungsmittel oder Prüfmittel sowie die Formen von Einzelteilen oder Baugruppen der Karosserie weisen hauptsächlich gekrümmte Flächen auf. Diese Flächen werden im CAD–System mit Hilfe mathematischer Methoden als Freiformflächen beschrieben.

Neben den Freiformflächen gibt es regelgeometrische Elemente (Standardformelemente). Für Standardformelemente werden die Begriffe ”Maß”, ”Form” und ”Lage” in V DIN 2300 /7/, DIN ISO 1101 /8/ oder DIN 7184, Teil 1 /9/ definiert. Ein Zylinder wird z.B. durch den Durchmesser (Maß), die Zylindrizität (Form) und die Symmetrieachse (Lage) definiert.

Standardformelemente können durch Maß–, Form– und Lageparameter eindeutig bestimmt werden. Freiformflächen dagegen werden analytisch durch Parameter beschrieben, die in der Regel nicht direkt meßbar sind. Krümmungsparameter einer Freiformfläche können z.B. nicht mit Hilfe der Koordinatenmeßtechnik bestimmt werden.

In der Regel werden Freiformflächen mit berührungslosen oder taktilen Koordinatenmeßgeräten erfaßt. Hierzu werden dreidimensionale Punkte auf der Oberfläche entsprechend einer Meßstrategie ermittelt. Diese Daten können einerseits zur analytischen Beschreibung im CAD–System genutzt werden (Flächenrückführung). Andererseits können dreidimensionale Punkte in einem Soll–Ist–Vergleich zur Beurteilung der Form herangezogen werden.

Zur Durchführung eines Soll–Ist–Vergleiches sind Soll–Meßpunkte erforderlich. Diese können anhand des Datenmodells im CAD–System bestimmt werden. Zudem bieten i.a. Hersteller von Koordinatenmeßgeräten, zusammen mit der Meß–Software, Hilfswerkzeuge zur Bestimmung von Soll–Meßpunkten an. Soll–Meßpunkte können aber auch mit Hilfe des Urmodells definiert werden. Hierzu werden gewünschte Punkte am Urmodell mit Koordinatenmeßgeräten digitalisiert.

Mit Hilfe des Soll–Ist–Vergleichs werden Aussagen zur Form anhand diskreter Punkte abgeleitet, die sich auf Produktfunktionen auswirken (Vgl. Bild 3). Funktionen an Einzelteilen oder Baugruppen der Karosserie werden durch die Form beeinflußt. Beispielsweise wird die Einpassung der Frontscheibe (Dichtheit) durch die Form des Ausschnittes in der Karosserie sowie durch die Form der Frontscheibe bestimmt. In diesem Fall beeinträchtigen Lageabweichungen des Ausschnittes in der Karosserie nicht die funktionalen Eigenschaften der Frontscheibe in der Karosserie.

Generell werden Bereiche der Karosserie in bezug auf ein Koordinatensystem gemessen. Dieses Koordinatensystem liegt in der Mitte der Vorderachse. Erfaßte Punkte wie z.B. Punkte am Ausschnitt der Frontscheibe, die zur Beurteilung der Form herangezogen werden, beinhalten Lageabweichungen. Das Ergebnis der Messung des Ausschnittes kann in diesem Fall zu Fehlinterpretationen führen, obwohl der Ausschnitt als auch die Frontscheibe die Funktion der Einpassung erfüllen. Aus diesem Grund werden Gestaltabweichungen folgendermaßen unterteilt:

– Abweichungen der Form und

– Abweichungen der Lage.

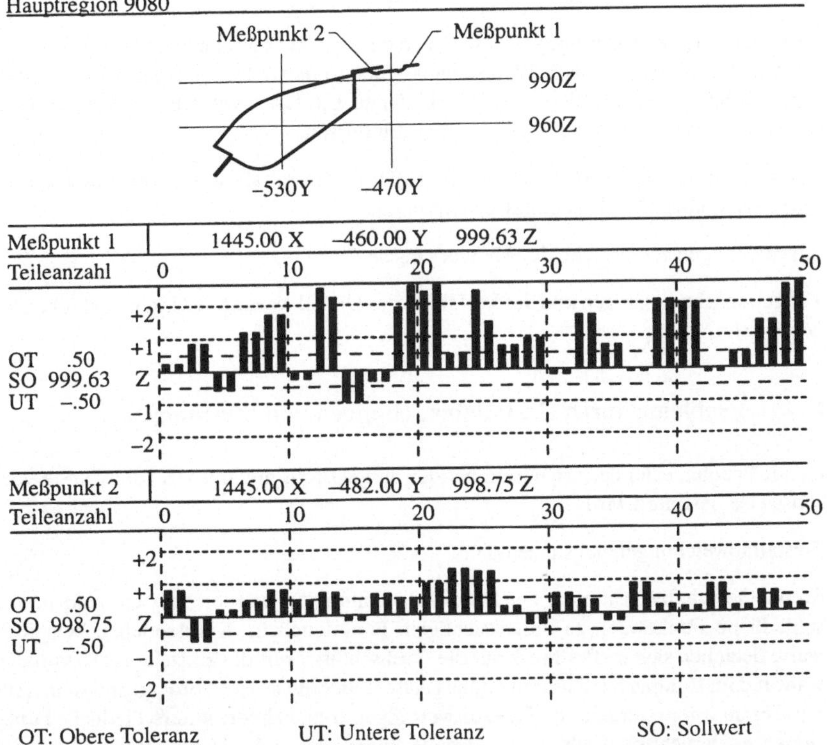

Bild 4: Streuungen von zwei Meßpunkten der Karosserie bei 50 Fahrzeugen

Bei Losgrößen, die größer als eins sind, können in der Fertigung die oben aufgeführten Abweichungen variieren. Deshalb können bei Serienteilen analog zu Abweichungen

– Streuungen der Form und

– Streuungen der Lage

definiert werden (Vgl. Bild 4).

GARBRECHT beschreibt folgende Ursachen bei Abweichungen vom Sollwert /10/:

– Abweichungen infolge von Auswerteverfahren:

Beim Messen von regelgeometrischen Körpern setzt man in der Koordinatenmeßtechnik ein Grundwissen über die Gestalt von Elementen voraus. Ist dieses nicht gegeben, kommt es bei der analytischen Beschreibung (Ersatzgestalt) zu Abweichungen. Beispielsweise entstehen durch Fertigungsungenauigkeiten kegelförmige statt zylindrische Bohrungen; bei der Auswertung wird allerdings eine zylindrische Ersatzgestalt berechnet.

– Abweichungen infolge von Fertigungsverfahren:

Systematische Abweichungen basieren in erster Linie auf maschinenbedingten Einflüssen wie Führungsfehler von Werkzeugmaschinen oder Schwingungen beim Herstellungsprozeß. Zudem zählen verfahrensbedingte Einflüsse, wie z.B. falsche Einspannungen des Werkstücks, zu systematischen Einflüssen.

Als statistische Abweichungen werden zufällige Gestaltabweichungen beschrieben. Diese treten bei allen Fertigungsverfahren auf.

– Abweichungen als Ursache des Meßvorganges:

Umgebungsbedingungen und das Verfahren der Digitalisierung bewirken Fehler bei der Meßwerterfassung.

2.4 Probleme durch Gestaltabweichungen und Streuungen

Folgende Probleme der Formsicherung werden aufgegriffen, anhand derer die weitere Vorgehensweise bestimmt wird:

– Gestaltabweichungen bei Einzelteilen:

Wenn Gestaltabweichungen bei Einzelteilen minimiert werden müssen, sind unterschiedliche Funktionen zu berücksichtigen. Funktionen im Karosseriebau beispielsweise beziehen sich im Preßwerk auf die Formschlüssigkeit des Einzelteils (Dichtheit), während im Rohbau der Zusammenbau (Anschlußbereiche) im Vordergrund steht. Anhand einmal generierter Soll–Ist–Auswertungen können heute unterschiedliche Funktionen noch nicht beurteilt werden. Das Problem liegt in der Verknüpfung einmal ermittelter Gestaltabweichungen und unterschiedlicher Produktfunktionen.

Das gleiche Problem stellt sich, wenn im Produktentstehungsprozeß Erstbemusterungen durchgeführt werden. Anhand dieser Ergebnisse müssen Rückschlüsse auf den Rohbau gezogen werden, obwohl noch keine Bemusterungen vom Rohbau vorliegen. Die Schwierigkeit hierbei ist, aus den Ergebnissen der Erstbemusterung auf Auswirkungen des Rohbaus zu schließen.

– Streuungen bei Serienteilen:

Die Stichproben bei Serienteilen können ausgeprägte Streuungen aufweisen. Streuungen, die durch Gestaltabweichungen im Bereich von Anschlußflächen verursacht werden, wirken sich auf die gesamte Karosserie aus. Die Schwierigkeit besteht darin, daß Haupteinflußgrößen einschließlich Wechselwirkungen der genannten Streuungen nicht bekannt sind. Ohne diese Erkenntnisse können keine Verbesserungsmaßnahmen in bezug auf den gesamten Fertigungsprozeß bestimmt werden.

2.5 Maßnahmen zur Minimierung von Gestaltabweichungen und Streuungen

Im Rahmen dieser Arbeit wird der Stand der Forschung und Technik untersucht, um bisherige Defizite herauszustellen. In Abhängigkeit davon wird ein Anforderungsprofil zusammengestellt, das als Entwicklungsrichtlinie für den Ablauf der Formsicherung sowie der Minimierung von Gestaltabweichungen und Streuungen dient. Hierfür werden folgende Maßnahmen verfolgt (Vgl. Bild 5):

– Ableitung eines Ablaufschemas für die Formsicherung:

Zunächst wird die Formsicherung im Hinblick auf den Entwicklungs–, Planungs– und Fertigungsprozeß betrachtet. Für diese Prozesse wird der Ablauf der Formsicherung entsprechend dem Stand der Forschung und Technik hergeleitet. Dieser Ablauf stellt die Basis für die Minimierung von Gestaltabweichungen von Einzelteilen bzw. Streuungen bei Serienteilen dar.

Die Vorteile einer bereichs– und unternehmensübergreifenden Formsicherung können durch die Austauschbarkeit von technischen Informationen, die Vermeidung von Doppelarbeit sowie die Interpretierbarkeit von Auswertungen genutzt werden.

– Entwicklung von Algorithmen zur Minimierung von Gestaltabweichungen bei Einzelteilen:

Um unterschiedliche Betrachtungen bezüglich Gestaltabweichungen in Abhängigkeit von Funktionen durchführen zu können, werden Algorithmen entwickelt. Abzuleitende Verbesserungsmaßnahmen zur Minimierung von Gestaltabweichungen bei Einzelteilen sind mit Hilfe dieser Algorithmen unter realen Bedingungen auf dem Rechner zu simulieren. Auswirkungen dieser Verbesserungsmaßnahmen sind damit im Vorfeld bewert– und nachvollziehbar.

– Ablauf zur Minimierung von Streuungen bei Serienteilen auf der Basis der statistischen Versuchsplanung:

Aufgrund der großen Stückzahl von Serienteilen werden nur Stichproben gemessen. Es liegt deshalb nahe, die Methoden der statistischen Prozeßregelung anzuwenden. Für diese Methoden sind allerdings die Voraussetzungen nicht gegeben, da die Fertigungsprozesse nicht beherrscht sind. Um Streuungen zu minimieren, können allerdings Methoden der statistischen Versuchsplanung angewendet werden. Da bisher kein systematischer und praxisnaher Ablauf bekannt ist, wird im Rahmen dieser Arbeit ein solcher entwickelt.

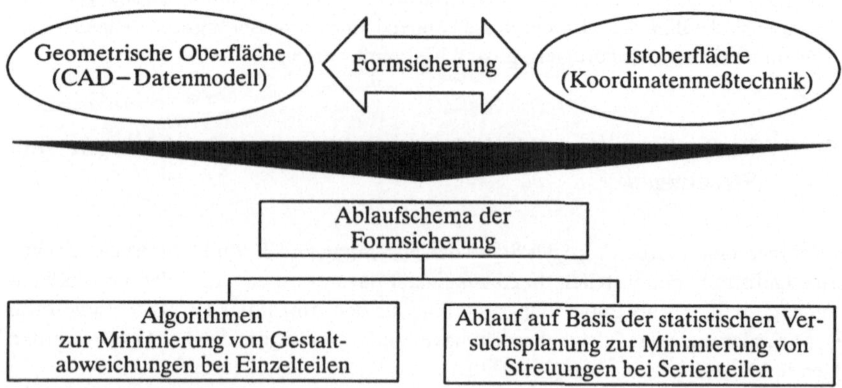

Bild 5: Maßnahmen zur Minimierung von Gestaltabweichungen und Streuungen

3 Zielsetzung und Vorgehensweise

Anhand der beschriebenen Problemstellung einschließlich abgeleiteter Maßnahmen wird die Zielsetzung dieser Arbeit in Kap. 3.1 erläutert. Daran anschließend zeigt ein Überblick die weitere Vorgehensweise schematisch auf (Vgl. Kap 3.2).

3.1 Zielvorstellung bezüglich der Minimierung von Gestaltabweichungen und Streuungen

In der Formsicherung sind Regelkreise notwendig, um die Überführung der geometrischen Oberfläche (Gestalt) in ein serienreifes Produkt mit der geforderten Qualität sicherzustellen. Dazu müssen Gestaltabweichungen bzw. Streuungen minimiert werden. In einem ständigen Verbesserungsprozeß werden geometrische Informationen in das CAD−Datenmodell zurückgeführt, bis die Form eines Produktes die Anforderungen der Serie erfüllt.

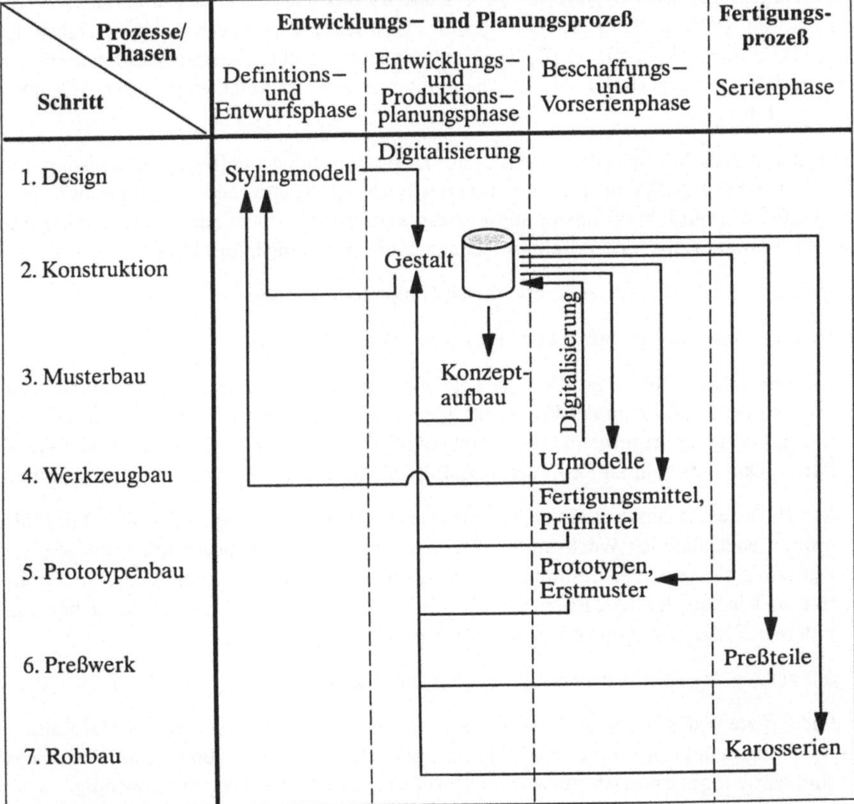

Bild 6: Regelkreise der Formsicherung im Entwicklungs−, Planungs− und Fertigungsprozeß

Am Anfang des Entwicklungsprozesses wird das Stylingmodell mit Hilfe der Koordinatenmeßtechnik erfaßt. Die gewonnenen Daten werden auf ein CAD–System übertragen, womit der Konstrukteur das CAD–Datenmodell (Gestalt) generiert. Das CAD–Datenmodell wird mit dem Stylingmodell verglichen, indem beispielsweise ein physikalisches Referenz– oder Urmodell dem Stylingmodell gegenübergestellt wird. Der Vergleich mit dem CAD–Datenmodell kann aber auch direkt durchgeführt werden, wenn das Stylingmodell auf dem Rechner entwickelt wird. Bei qualitativ hohen Anforderungen an die Form eines Produktes wird ein Urmodell hergestellt, das wiederum digitalisiert wird, um das CAD–Datenmodell zu aktualisieren. Die technische Umsetzbarkeit wird durch erste Konzeptaufbauten untersucht, wobei Änderungen am CAD–Datenmodell aufgrund neuer Entwicklungserkenntnisse einfließen können. Die bisher beschriebenen Qualitätsregelkreise sind notwendig, um die Qualität des CAD–Datenmodells sicherzustellen (Vgl. Bild 6).

In den nachfolgenden Regelkreisen werden auf der Basis des CAD–Datenmodells Fertigungsmittel, Prüfmittel, Prototypen, Erstmuster, Preßteile und Karosserien hergestellt. Diese Produkte werden mit dem CAD–Datenmodell verglichen, um die Qualität der Form der Produkte sicherzustellen. Neue Erkenntnisse können zu Änderungen am CAD–Datenmodell führen.

Hauptziel dieser Arbeit ist die Entwicklung und Beschreibung von Regelmechanismen für die Formsicherung. Damit soll die sich in der Form repräsentierende Funktionalität von Produkten während ihres Entstehungsprozesses sichergestellt werden. Schwerpunkte bilden die Minimierung von Gestaltabweichungen und Streuungen der Form.

Folgende Teilziele sind mit dem operativen Hauptziel verbunden:

– Reduzierung von Ressourcen der Formsicherung:

Ziel der entwickelten Algorithmen ist die Verknüpfung von Prüfergebnissen und den zu erfüllenden Funktionen des Produktes. Unterschiedliche Betrachtungen aufgrund einmal gewonnener Prüfergebnisse mit Hilfe der Koordinatenmeßtechnik lassen sich simulieren. Dadurch können Ressourcen im Bereich der Formsicherung reduziert werden.

Mit Hilfe des Ablaufs auf Basis der statistischen Versuchsplanung sollen Haupteinflußgrößen einschließlich Wechselwirkungen von Streuungen bei Serienteilen hergeleitet werden. Anhand dieser Zusammenhänge lassen sich Verbesserungsmaßnahmen durchführen. Eine erfolgreiche Prozeßoptimierung reduziert Ressourcen der Formsicherung, indem auf laufende Kontrollen verzichtet wird.

– Steigerung der Effizienz des Verbesserungsprozesses:

Die Effizienz des Verbesserungsprozesses soll durch die Minimierung von Gestaltabweichungen bei Einzelteilen und Streuungen bei Serienteilen verbessert werden. Dazu sind eindeutige, transparente sowie nachvollziehbare Auswertungen notwendig.

Die Verbesserung der Regelkreise in der Formsicherung wirkt sich positiv auf die Qualität der Produkte aus, indem Ursachen und Auswirkungen von Gestaltabweichungen und Streuungen aufgrund der systematischen Vorgehensweise schneller analysiert werden.

3.2 Weitere Vorgehensweise

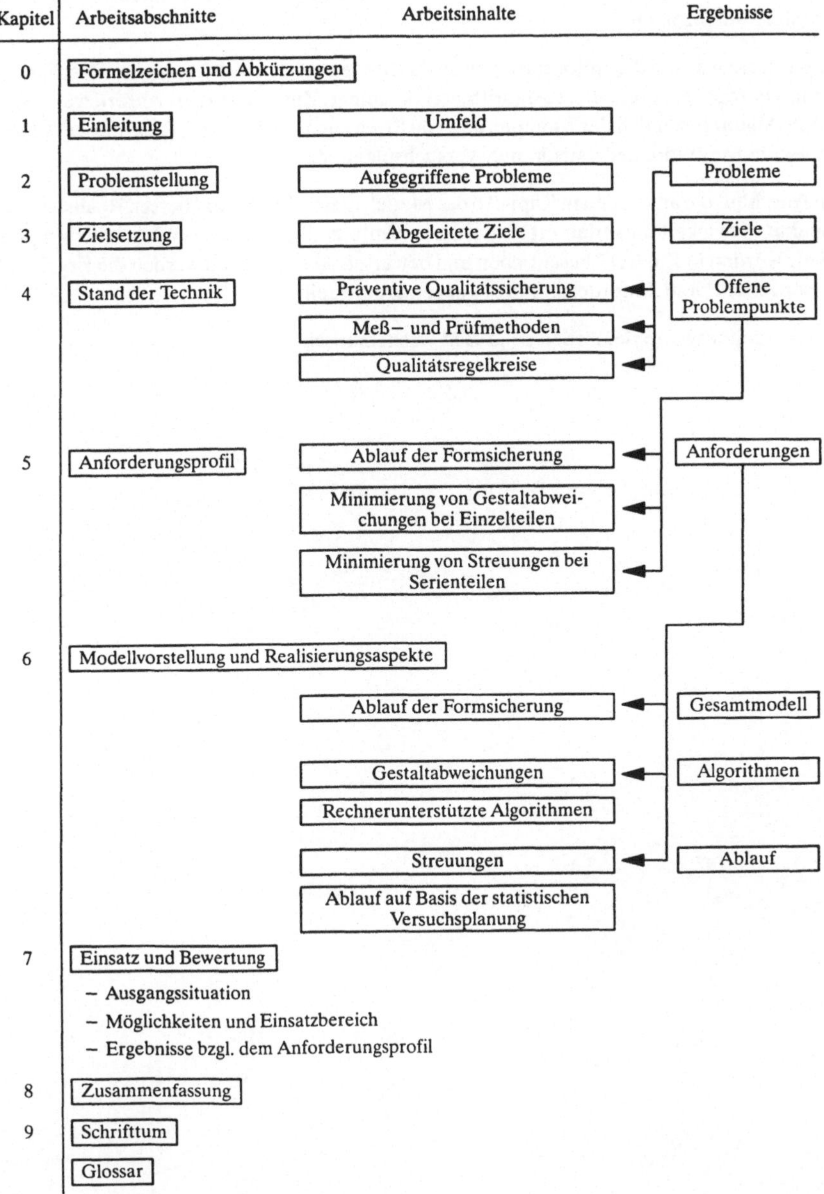

Bild 7: Aufbau der Arbeit und Zusammenwirken der Ergebnisse

Nachdem in Kapitel 2 und 3 auf die Problematik und Zielsetzung eingegangen wurde, wird in Kapitel 4 der Stand der Forschung und Technik erläutert. Dort werden bekannte Methoden und Werkzeuge der Formsicherung betrachtet, um den Beitrag dieser Arbeit im Problemfeld aufzuzeigen.

In Kapitel 5 werden die Anforderungen an das Modell der Formsicherung sowie dafür notwendige, rechnerunterstützte Algorithmen dargelegt. Zudem werden Anforderungen an einen Ablauf bezüglich der Minimierung von Streuungen aufgestellt. Basis dieses Ablaufs bildet die Methodik der statistischen Versuchsplanung.

Im Anschluß daran werden in Kapitel 6 das Modell dieser Arbeit und dessen Realisierungsaspekte entwickelt und erläutert. Ergebnisse, Einsatzmöglichkeiten und Anwendungsbeispiele werden in Kapitel 7 beschrieben und bewertet. Abschließend werden die Ergebnisse dieser Arbeit dem Anforderungsprofil gegenübergestellt.

Die Vorgehensweise der Arbeit zeigt Bild 7 schematisch.

4 Stand der Forschung und Technik

Ein wesentlicher Schritt zur Bestimmung von Gestaltabweichungen und Streuungen ist die Erfassung der Istoberfläche mit Hilfe der Koordinatenmeßtechnik. Über orthogonale Meßachsen der Koordinatenmeßgeräte werden Längen (Wege) gemessen (Vgl. Bild 8).

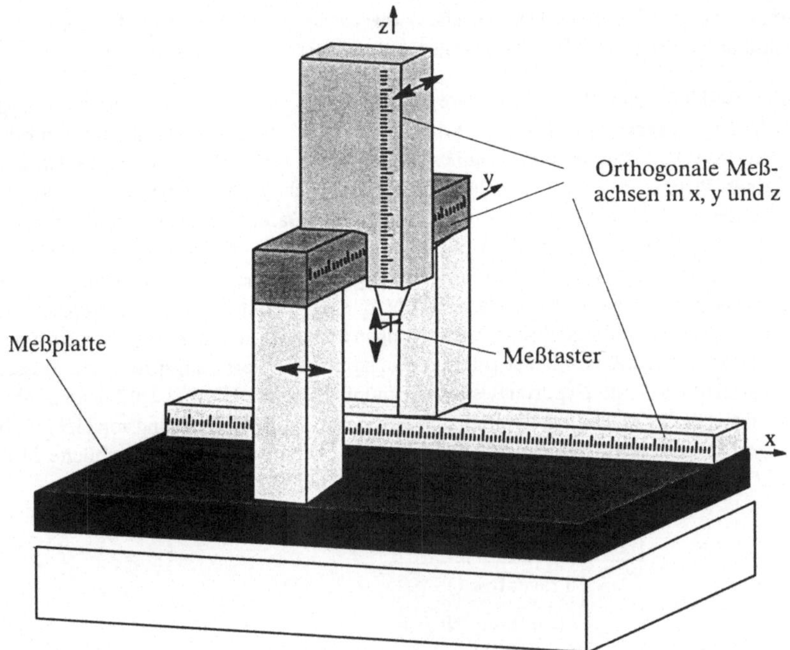

Bild 8: Prinzip der Koordinatenmeßtechnik

Der Stand der Forschung und Technik wird anhand der im folgenden Kap. 4.1 zusammengefaßten Elemente analysiert, welche im Bereich der Formsicherung eingesetzt werden.

4.1 Elemente der Formsicherung

Während des gesamten Produktentstehungsprozesses wird die Qualität der Produkte und Prozesse durch die Anwendung präventiver Methoden verbessert. Darüber hinaus wird eine Verbesserung der Qualität durch den reibungslosen Austausch von Informationen erreicht, wofür EDV−Schnittstellen notwendig sind. Der Einsatz der Koordinatenmeßtechnik erfordert Meßprogramme, die mit Hilfe der Off−line−Programmierung erstellt werden. Die gewonnenen Prüfergebnisse werden numerisch, graphisch bzw. statistisch ausgewertet, um Gestaltabweichungen bzw. Streuungen aufzuzeigen. Gegebenenfalls wird in den Produktentstehungsprozeß eingegriffen, um die Qualität der Produkte sicherzustellen. Zusammenfassend wird die Formsicherung von regelgeometrischen Elementen und Freiformflächen in folgende Bereiche unterteilt:

- Präventive Qualitätssicherung (Vgl. Kap. 4.2),
- Schnittstellen (Vgl. Kap. 4.3),
- CAD–integrierte Prüfplanung (Vgl. Kap. 4.4),
- CAD–unterstützte Off–line–Programmierung (Vgl. Kap. 4.5),
- Meß– und Prüfmethoden (Vgl. Kap. 4.6),
- Numerische, graphische und statistische Auswerteverfahren (Vgl. Kap. 4.7) und
- Qualitätsregelkreise mit den oben aufgeführten Bausteinen (Vgl. Kap. 4.8).

In dem in Bild 9 dargestellten Qualitätsregelkreis repräsentiert der Produktentstehungsprozeß die Regelstrecke (Vgl. Kap. 2.1, Bild 1 und Kap. 2.2, Bild 2). Mit Hilfe taktiler oder berührungsloser Koordinatenmeßtechnik sowie mit Hilfe von Prüflehren wird die Istoberfläche eines Produktes erfaßt. Als Führungsgröße wird die geometrische Oberfläche (CAD–Datenmodell) vorgegeben. Anhand des CAD–Datenmodells werden Qualitätsmerkmale (dreidimensionale Soll–Meßpunkte), einschließlich Toleranzen, abgeleitet. Gestaltabweichungen bzw. deren Streuungen der geometrischen Oberfläche von der Istoberfläche werden anhand eines Soll–Ist–Vergleichs ermittelt. Hierfür werden numerische, graphische und statistische Auswertungen erstellt. Anhand dieser Auswertungen sind gegebenenfalls Maßnahmen abzuleiten. Bei komplexen Fertigungsprozessen müssen diese Auswertungen mit Expertenwissen verknüpft werden. Hierbei sind Rahmenbedingungen aus der Entwicklung, Planung und Fertigung in die Minimierung von Gestaltabweichungen bzw. deren Streuungen einzubeziehen. Technische oder menschliche Störgrößen können auf die Regelstrecke einwirken (Vgl. Bild 9).

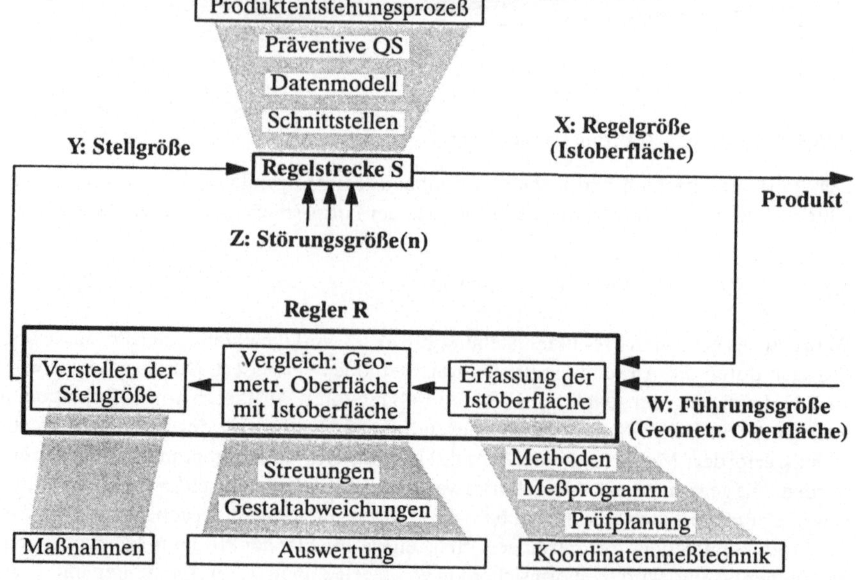

Bild 9: Qualitätsregelkreis /11/

4.2 Maßnahmen der präventiven Qualitätssicherung

4.2.1 Grundlagen und Methodenüberblick

Mit der Anwendung präventiver Methoden in der Formsicherung wird das Ziel der Steigerung der Prozeßqualität und somit auch der Produktivität verfolgt. DEMING, JURAN und TAGUCHI präsentieren dazu grundlegende Arbeiten. Erreicht werden soll dieses Ziel durch eine permanente Optimierung der Nennwerte und eine ständige Verringerung der Streuungen um die Zielwerte:

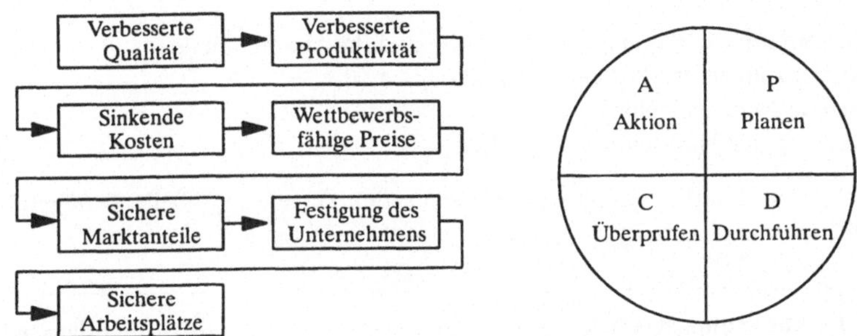

Bild 10: Demingsche Reaktionskette und PDCA–Prinzip /12/

– DEMING /12/:

In einem ständigen Verbesserungsprozeß werden verschiedene Methoden und Verfahren entsprechend ihrer Wirksamkeit eingesetzt. Grundlage der Philosophie von DEMING ist die Demingsche Reaktionskette und das PDCA–Prinzip (Vgl. Bild 10).

– JURAN /13/:

Die Juran–Methode stützt sich auf kleine ressortübergreifende Projektgruppen, die Qualitätssteigerungen bewirken sollen. Das Ziel ist die Senkung des als "normal angesehenen" Fehlerniveaus. Die Auswahl der Projekte erfolgt nach dem Pareto–Prinzip, um zuerst diejenigen Projekte mit dem größtmöglichen Nutzen zu bearbeiten. JURAN schlägt folgendes Ablaufschema vor:

1. Auswahl möglicher Projekte,
2. Festlegung des Projektablaufs,
3. Durchführung einer Problemanalyse,
4. Festlegung von Maßnahmen zur Behebung der festgestellten Ursachen und
5. Überprüfung der Ergebnisse.

- TAGUCHI /14/:

Der Hauptunterschied zwischen den Methoden von TAGUCHI, JURAN und DEMING besteht in der Definition von Qualität und den daraus resultierenden Konsequenzen. Qualität wird nach TAGUCHI durch den geringstmöglichen Verlust bestimmt, der der Gesellschaft zum Zeitpunkt der Auslieferung eines Produktes entsteht. Da eine Kostenbewertung des Verlustes schwierig ist, wurde von TAGUCHI eine quadratische Abschätzung der Verlustfunktion erarbeitet. Jede Abweichung von Zielwerten, auch innerhalb von Toleranzen, führt nach dieser Verlustfunktion zu Qualitätsverlusten.

Zukünftige Produkt− und Prozeßentwicklungen mit Methoden der präventiven Qualitätssicherung werden nach KERSTEN in einem "Integrierten Methoden−System" beschrieben /15/, das auf

- kundenorientierte Planung von Qualitäts− und Produktmerkmalen,
- konkurrenzfähige und kostengünstige Produkte,
- fehlerfreie Neuentwicklungen und
- Verkürzung der Markteinführungszeiten

ausgerichtet ist. Hierfür erfolgt eine Konzentration auf die in Tabelle 1 aufgeführten Identifikationsziele.

Reihen- folge	Anwendungsbereich	Methode	Identifikationsziele
1.	Qualitätsplanung	QFD	Kritische Forderungen
2.	Funktionsanalyse	Funktionsanalyse, Funktionsblockdiagramm	Wichtige Funktionen
3.	Problemlösung	Wertanalyse	Beste Lösung
4.	Risikoanalyse	FMEA, Fehlerbaumanalyse	Kritische Fehler
5.	Versuchsplanung	D.O.E.	Haupteinflußgrößen
6.	Prozeßregelung	SPC, MFU, PFU	Wichtige Prozeßparameter

Tabelle 1: Anwendungsbereiche von Methoden der präventiven Qualitätssicherung /15, 16, 17/

Mit der QFD−Methode werden kritische Forderungen analysiert. In einem zweiten Schritt werden wichtige Funktionen in einer Funktionsanalyse bestimmt. In der anschließenden Wertanalyse werden die besten Lösungen ausgewählt und kritische Fehler in einer Risikoanalyse ermittelt. Bestehende Fertigungsprozesse können mit Hilfe der statistischen Versuchsplanung nach den Methoden von TAGUCHI und SHAININ verbessert werden. Abschließend werden wichtige Prozeßparameter mit Hilfe der statistischen Prozeßregelung geführt.

Die bisher erläuterten Methoden stellen nur einen Ausschnitt möglicher präventiver Methoden dar. In bezug auf die Formsicherung und das Anwendungsfeld der Arbeit (Werkzeugbau, Prototypenbau, Presswerk und Rohbau) eignen sich besonders die Methoden der statistischen Versuchsplanung, weil damit Haupteinflußgrößen und deren Wirkungen auf Streuungen ermittelt werden können. Diese Zusammenhänge stellen die Grundlage zur Minimierung von Streuungen dar. Anhand dieser Zusammenhänge werden auch wichtige Prozeßparameter für die statistische Prozeßregelung hergeleitet.

4.2.2 Methoden der Versuchsplanung nach TAGUCHI

Die Anwendung der Versuchsplanung nach TAGUCHI hat den Vorteil, daß Haupteinflußgrößen von Streuungen mit wenigen, teilfaktoriellen Versuchsanordnungen analysiert werden können. Dadurch wird der Aufwand zur Durchführung von Versuchen, im Gegensatz zu vollfaktoriellen Versuchsanordungen, reduziert. Dieser Vorteil kann in der Formsicherung, z.B. im Presswerk oder im Rohbau, zur Minimierung von Streuungen genutzt werden.

Die Methoden von TAGUCHI gehen auf seine Qualitätsphilosophie zurück, die sich auf ein völlig anderes Toleranzverständnis als das traditionelle Denken bezieht. Beim traditionellen Denken ist das Qualitätsziel erreicht, wenn ein Erzeugnis innerhalb der Toleranzgrenzen liegt, bei TAGUCHI führt jede Abweichung von Zielwerten zu Qualitätsverlusten /18/, die durch eine quadratische Verlustfunktion ausgedrückt werden (Vgl. Bild 11).

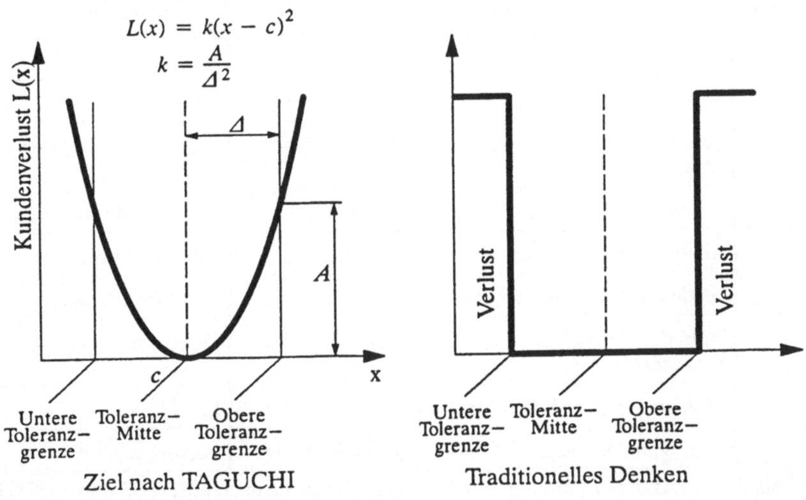

Bild 11: Verlustfunktion nach TAGUCHI und das traditionelle Qualitätsverständnis /18/

In diesem Zusammenhang stellt TAGUCHI zwei Zielsetzungen in den Vordergrund:

- Optimierung der Zielwerte (Nennwerte, Sollwerte) und
- Verringerung der Streuungen um den Zielwert herum.

Je früher diese beiden Zielsetzungen im Produktentstehungsprozeß verfolgt werden, desto größer sind die Wirkungen der damit verbundenen Maßnahmen. Da bei Qualitätsproblemen häufig ein erkennbarer Widerspruch zwischen dem "System–Design" (z.B. Festlegung von Produktspezifikationen) und dem "Toleranz–Design" (z.B. Verschärfung der Spezifikationen) auftritt, empfiehlt die TAGUCHI–Methode den Zwischenschritt des "Parameter–Designs" nach folgendem Muster /19, 20/:

Phase	Maßnahme	Ziel
1	Problembeschreibung und Systemanalyse	Problemumfeld
2	Festlegung der Steuer–, Stör– und Zielgrößen	Parameterfestlegung
3	Festlegung des Versuchsplanes	Versuchsplan
4	Zuordnung von Parametern zu den Versuchsplanspalten mit Hilfe linearer Graphen	Parameterzuordnung im Versuchsplan
5	Durchführung der Versuche	Versuchsergebnisse
6	Auswertung der Versuchsergebnisse	Versuchsauswertung
7	Bestätigungsexperiment	Ergebnisbestätigung

Tabelle 2: Phasen der TAGUCHI–Methode

Phase	Maßnahme	Ziel
1	Problemdefinition/Aufgabenstellung	Problemumfeld
2	Systemanalyse (Analyse des Ist–Zustandes)	Ist–Zustand
3	Festlegung der zu betrachtenden Ziel– und Antwortgrößen	Parameterfestlegung
4	Bewertung und Eingrenzung der Parameter	Parameterbewertung
5	Analyse möglicher Parameter–Interaktionen	Wechselwirkungen
6	Festlegung notwendiger Randbedingungen	Randbedingungen
7	Wahl der Versuchsmethode und Gestaltung des Versuchsplanes	Versuchsmethode
8	Überprüfung der Durchführbarkeit	Meßbarkeit
9	Festlegung der Versuchsanzahl und –reihenfolge	Versuchsablauf

Tabelle 3: Phasen der Planung teilfaktorieller Versuche nach NEDESS und HOLST

Nach TAGUCHI unterstützen lineare Graphen und Wechselwirkungstabellen den Anwender in der Auswahl eines geeigneten orthogonalen Feldes für teilfaktorielle Versuchspläne. Lineare Graphen und Wechselwirkungstabellen berücksichtigen Wechselwirkungseffekte. Wechselwirkungsfreiheit liegt vor, wenn die Effektkurven bezüglich zweier oder mehrerer

Parameter parallel verlaufen. Höherwertige Wechselwirkungen werden in der Regel vernachlässigt. Dadurch sollen möglichst viele Parameter in die Untersuchung mit einbezogen und der Blick auf das Erkennen der wichtigsten Effekte gelenkt werden.

Zu Fehlinterpretationen der Versuchsergebnisse kommt es auch durch unbekannte oder nicht weiter hinterfragte Wechselwirkungseffekte von zwei oder mehreren Parametern. Diese können wiederum mit weiteren Haupteffekten vermengt werden. Aus diesem Grund ist die Planung derartiger Versuche im Hinblick auf die Ergebnisqualität von besonderer Wichtigkeit. Die in Tabelle 3 dargestellte Vorgehensweise für die Planung von Versuchen wird von NEDESS und HOLST vorgeschlagen /21/.

Die Methoden von TAGUCHI lassen sich nicht zufriedenstellend auf die Formsicherung anwenden, da eine systematische und effektive Vorgehensweise zur Bestimmung von Einfluß– und Zielgrößen fehlt. Sind diese Größen bestimmt, kann die TAGUCHI–Methode nach den beschriebenen Phasen in Tabelle 2 und 3 durchgeführt werden.

4.2.3   Methoden der Versuchsplanung nach SHAININ

Die Methoden der Versuchsplanung nach SHAININ können in der Formsicherung herangezogen werden, um die große Anzahl möglicher Einflußgrößen von Streuungen zu reduzieren. Der Vorteil dieser Methoden liegt in der einfachen Anwendbarkeit, da nur signifikante Unterschiede zwischen guten und schlechten Einheiten analysiert werden. Haupteinsatzgebiet der Anwendung der Methoden von SHAININ ist die Fertigung, wobei die Analyse und Bereinigung dominanter Störgrößen im Vordergrund steht. Falls erforderlich, werden schrittweise komplexere Methoden eingesetzt /22/. Die Anwendung der Methoden wird von QUENTIN beschrieben (Vgl. Tab. 4) /23/.

Die Festlegung der Zielgröße ist abhängig von der Meßmethode und der Meßmittelfähigkeit. Dieser Schritt wird in einem problemorientierten Team durchgeführt. Die Auswahl der Einflußgrößen wird ebenfalls im Team bestimmt, da hierzu die Erfahrungen von Fachleuten aus dem jeweiligen Ressort notwendig sind.

Im Mittelpunkt der Methoden von SHAININ steht der vollständige Versuch mit weniger als fünf Einflußgrößen. Alle begleitenden Maßnahmen dienen der schrittweisen Reduzierung der Anzahl möglicher Einflußgrößen.

Die Auswahl der geeigneten Versuchsmethode nach SHAININ ist abhängig von drei Größen:

– Anzahl der Einflußgrößen,
– Art des zu untersuchenden Produktes (z.B. zerlegbar und wieder zusammenbaubar) oder Prozesses sowie
– Aufwand eines Versuches (Kosten, Zeit oder Ressourcen).

Abschließend werden die Methoden von SHAININ kurz zusammengefaßt /24/. Diese Methoden werden in der Formsicherung zur Reduzierung von Streuungen eingesetzt. Beispiele hierzu finden sich bei BOTHE /25/:

– Multi–Vari–Bild

Diese Methode wird eingesetzt, sofern keine oder nur vage Aussagen über Einflußgrößen möglich sind. In festen Zeitabständen entnimmt man eine Anzahl Teile und mißt
sie. Die Ergebnisse werden – ähnlich wie auf einer Regelkarte – graphisch dargestellt.
Dabei werden Streuungsmuster gesucht, die lagebedingt (innerhalb eines Teils), zyklisch
bedingt (von Teil zu Teil) oder zeitlich bedingt (von Zeitabschnitt zu Zeitabschnitt) auf-
treten können. Einflußgrößen können auf diese Weise ausgeschlossen bzw. weiter analysiert werden.

– Komponententausch

Diese Versuchsmethode basiert auf dem Vergleich einer "guten" und einer "schlechten"
Einheit. Voraussetzung hierfür ist, daß Einheiten zerlegt und wieder zusammengebaut
werden können. Findet nach dem Austausch einer oder mehrerer Komponenten eine
starke Verschlechterung bei der guten Einheit und eine dementsprechende Verbesserung bei der schlechten Einheit statt, dann handelt es sich um eine oder mehrere
wichtige Einflußgrößen, d.h. wichtige Einflußgrößen werden von unwichtigen getrennt.

– Paarweiser Vergleich

Sind die Einheiten nicht in einzelne Komponenten zerlegbar, bietet sich die Methode
des "Paarweisen Vergleichs" an. Ein Paar besteht jeweils aus einer guten und einer
schlechten Einheit. Alle existierenden Paare werden miteinander verglichen. Mit Hilfe
dieser Methode können wichtige von unwichtigen Einflußgrößen getrennt werden.

– Variablenvergleich

Die Bestimmung und Gewichtung der wichtigsten Einflußgrößen werden im Team vorgenommen. Weiterhin wird eine "gute" und eine "schlechte" Wertstufe festgelegt.

Nach Festlegung der Stufen werden bei der einen Einheit alle Einflußgrößen auf der besten Wertstufe und bei der anderen Einheit alle Einflußgrößen auf der schlechtesten eingestellt. Durch wiederholtes Messen der Zielgröße(n) beider Einheiten läßt sich erkennen, ob der Unterschied zwischen der guten und schlechten Einheit signifikant und
wiederholbar ist.

Abschließend werden die Wertstufen ähnlich dem Komponententausch variiert. Erreicht man bei einer Einheit eine komplette Umkehrung des Ergebnisses, hat man die
wichtigste Einflußgröße ermittelt. Ist nur eine teilweise Verbesserung bzw. Verschlechterung feststellbar, handelt es sich um eine von mehreren wichtigen Einflußgrößen.

– Vollständiger Versuch

Bei vier oder weniger Einflußgrößen wird ein vollständiger Versuch zur quantitativen
und qualitativen Bestimmung aller Haupt– und Wechselwirkungen durchgeführt.

– A zu B Analyse

Bei dieser Methode werden die Ergebnisse von wenigen Versuchen nach qualitativen
Kriterien von "sehr gut" bis "sehr schlecht" geordnet. Daran anschließend wird be-

stimmt, ob die guten Einheiten sich deutlich von den schlechten abheben. Bei der Analyse wird nicht von einer Normalverteilung der Ergebnisse ausgegangen.

– Streudiagramme

In einem Streudiagramm werden 30 Meßwerte analysiert. Hierbei wird der Wertebereich einer unabhängigen Variablen als Funktion der Zielgröße graphisch aufgetragen. Wenn eine Korrelation zwischen diesen Größen besteht, weist dies auf eine Haupteinflußgröße hin und ihr geeignetster Sollwert und Toleranzbetrag können bestimmt werden. Besteht nur eine geringe oder gar keine Korrelation, ist die unabhängige Variable unwichtig. Bei unwichtigen Variablen können deren Sollwert und Toleranz so festgelegt werden, wie es am kostengünstigsten ist.

Die Anwendung der oben beschriebenen Methoden in der Formsicherung ist nicht effektiv, da kein detaillierter Ablauf zur Ermittlung von Einfluß– und Zielgrößen erkennbar ist. In diesem Bereich ist ein verbesserter Ablauf notwendig.

Phase	Maßnahme	Ziel
1	Festlegung eines Qualitätsmerkmales	Zielgröße
2	Auswahl der wichtigsten Einflußgrößen	Einflußgrößen
3	Gewichtung der Einflußgrößen	Gewichtung
4	Auswahl einer geeigneten Methode in Abhängigkeit von der Anzahl der Faktoren und von sonstigen Bedingungen	Versuchsmethode
5	Festlegung der Anzahl von Versuchswiederholungen	Anzahl der Versuche
6	Festlegung der Versuchsreihenfolge	Versuchsreihe
7	Durchführung der Versuche und Ergebnisaufzeichnung	Versuchsdaten
8	Auswertung der Ergebnisse	Haupt– und Wechselwirkung
9	Festlegung der optimalen Parameterkombination	Optimale Bewertung
10	Durchführung des Bestätigungsversuches	Bestätigungsversuch
11	Einführung der optimalen Parameterkombination	Optimale Parameter
12	Reduzierung der Streuung der wichtigsten Faktoren	Prozeßverbesserung
13	Erweiterung der Toleranz von unwichtigen Faktoren	Toleranzerweiterung

Tabelle 4:   Phasen der Versuchsmethodik nach QUENTIN /23/

4.2.4 Ablauf der Versuchsplanung nach BOTHE mit Methoden von SHAININ

Während in Kap. 4.2.3 die Versuchsmethodik von SHAININ in allgemeiner Form dargestellt wird, befaßt sich BOTHE mit der konkreten Anwendung von Qualitätsproblemen in
der Produktentwicklung, Produktionsplanung und Fertigung /25/. Diese Ergebnisse können für die Formsicherung zur Minimierung von Streuungen herangezogen werden, da die
Problematik und die Anwendungsfelder identisch sind.

BOTHE verfolgt nachstehende Ziele:

– Identifikation wichtiger Einflußgrößen,
– Reduzierung der Streuungen von wichtigen Einflußgrößen und
– Erweiterung von Toleranzen unwichtiger Variablen.

Anzahl von Einflußgrößen	Methoden von SHAININ	Ergebnis
> 20	Multi–Vari–Bild	Reduzierung der Anzahl der Einflußgrößen: < 20
10 – 20	Komponententausch (aus-tauschbar) oder Paarweiser Vergleich (nicht austauschbar)	Reduzierung der Anzahl der Einflußgrößen: < 10
5 – 10	Variablenvergleich	Reduzierung der Anzahl der Einflußgrößen: < 5
< 5	Vollständiger Versuch, A zu B und Streudiagramme	Haupteinflußgrößen

Tabelle 5:   Versuchsmethodik nach BOTHE /25/

Die Auswahl und Anwendung einfacher Versuchsmethoden erfolgt entsprechend der Anzahl von Einflußgrößen /25/ (Vgl. Kap. 4.2.3 und Tabelle 5).

Sind die Einflußgrößen bekannt und der Prozeß optimiert, empfiehlt sich die Anwendung
der Methoden der statistischen Prozeßregelung.

BOTHE weist auf die Bedeutung der Identifikation wichtiger Einflußgrößen hin, aber ein
detaillierter Ablauf fehlt. Da die Produkte der Automobilindustrie komplex sind, ist allerdings ein effektiver Ablauf zur Bestimmung von Einflußgrößen erforderlich.

4.2.5 Ablauf der Versuchsplanung nach KROTTMAIER mit Methoden von SHAININ und TAGUCHI

KROTTMAIER beschreibt einen Versuchsplanungsablauf, in dem sich die Methoden von
SHAININ und TAGUCHI /26/ ergänzen. Dies ist für die Formsicherung zur Reduzierung
von Streuungen von Bedeutung, da je nach Problemstellung die Methoden von SHAININ

oder TAGUCHI angewendet werden können. Der Ablauf der Versuchsplanung soll für die Formsicherung weiterentwickelt werden. Der Vorteil eines verbesserten Ablaufs liegt darin, daß wesentliche Einflußgrößen von Streuungen schneller analysiert und Maßnahmen zur Minimierung ergriffen werden. In dem Ablauf von KROTTMAIER fehlen allerdings detaillierte Schritte zur Bestimmung von Einflußgrößen. Der Ablauf von KROTT-MAIER ist in Bild 12 dargestellt und beinhaltet folgende Schritte:

– Problemdefinition

Das Optimierungskriterium wird mit Hilfe einer meßbaren Größe definiert. Ist dies nicht möglich, wird eine Problembewertung von 0 – 10 empfohlen.

Kritische Kundenwünsche können durch QFD zur Ableitung des Optimierungskriteriums einbezogen werden.

Weiterhin werden Randbedingungen durch Grenzen gewisser Parameter definiert.

– Problemanalyse

Ziel der Problemanalyse ist die Aufstellung maßgeblicher Parameter, die im Team erarbeitet werden. Die Systematisierung der Problemanalyse wird mit Hilfe von "Ursache–Wirkungs–Diagrammen" oder "Fehlerbaumanalysen" realisiert.

– Parameterreduzierung

Existiert bereits eine Konstruktion oder ein Prozeß, erfolgt das weitere Vorgehen in Abhängigkeit von den Ergebnissen der Problemanalyse. Hierzu sind Methoden von SHAININ – "Multi–Vari–Bild", "Komponententausch" oder "Paarweiser Vergleich" – auszuwählen (Vgl. Kap. 4.2.3).

Falls dagegen nur theoretische Modelle existieren, können Kriterien einer zukünftigen Konstruktion bzw. eines Fertigungsprozesses anhand von Punkten bewertet werden. Die Parameter, welche die meisten Punkte aufweisen, werden anschließend in der Versuchsplanung berücksichtigt.

– Versuchsplanung

Gelingt die Reduzierung der Anzahl von Parametern auf eine maximale Größenordnung von zwanzig, kann nach KROTTMAIER mit der eigentlichen Versuchsplanung begonnen werden. Ziel der Versuchsplanung ist die Trennung signifikanter Einflußgrößen von nicht signifikanten Einflußgrößen und die Einstellung signifikanter Parameter auf einen Optimalwert. Hierfür können die Methoden "Variablen–Vergleich", "Vollständiger Versuch" oder die TAGUCHI–Methoden herangezogen werden (Vgl. Kap. 4.2.2 und 4.2.3).

– Versuchsauswertung

Versuchsergebnisse können manuell oder rechnerunterstützt ausgewertet werden. Eine Varianzanalyse empfiehlt sich für vollständige Versuche und Methoden nach TAGUCHI. Diese Analyse liefert den prozentualen Anteil der Parameter am Gesamteffekt.

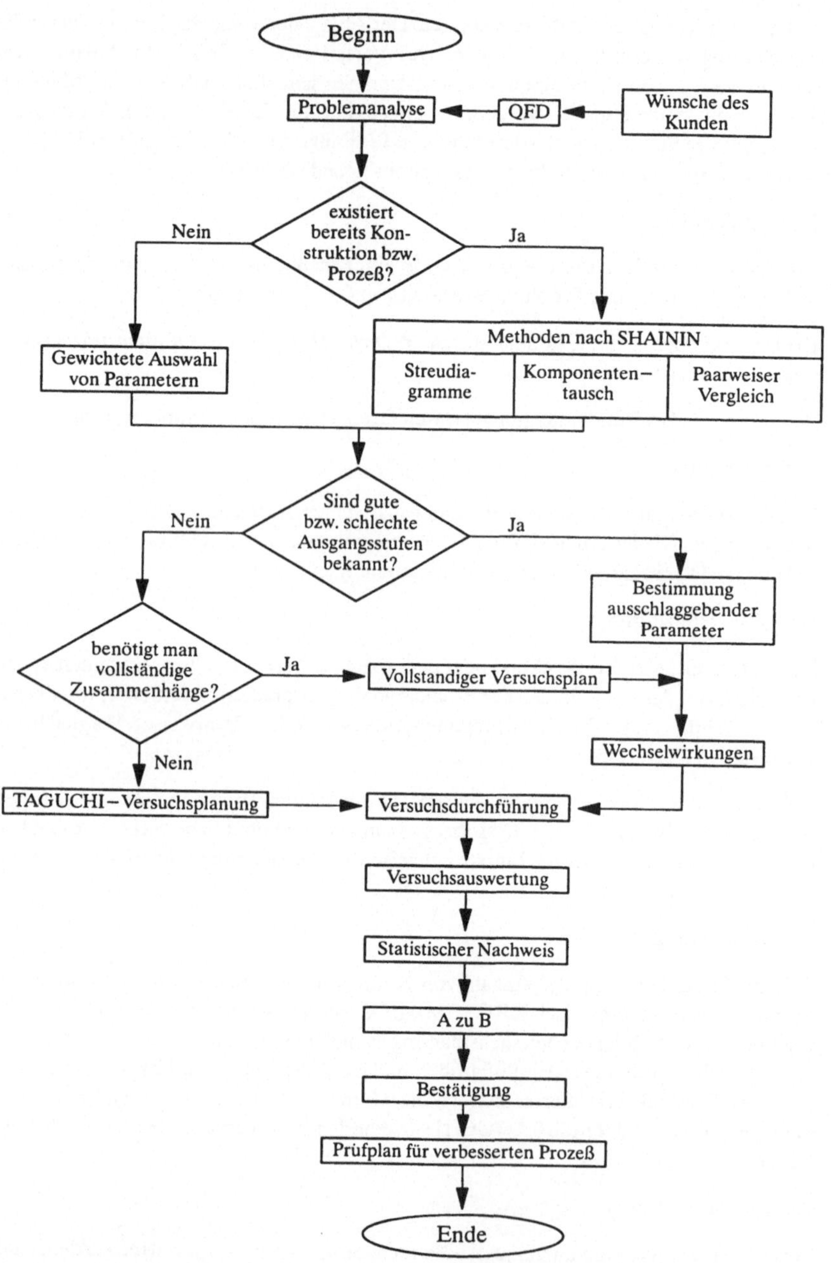

Bild 12: Ablaufplan für die Versuchsplanung nach KROTTMAIER /26/

– Statistischer Nachweis

Die in der Versuchsauswertung ermittelten optimalen Einstellwerte der signifikanten Parameter müssen statistisch abgesichert werden. Hierzu wird ein Bestätigungsversuch oder die "A zu B–Methode" angewandt (Vgl. Kap. 4.2.3).

KROTTMAIER beschreibt in den Schritten der Problemdefinition und –analyse die Anwendung von Methoden zur Ableitung des Optimierungskriteriums und maßgeblicher Parameter. Dies ist aber für die Formsicherung nicht ausreichend.

4.3   EDV–Schnittstellen in der Formsicherung

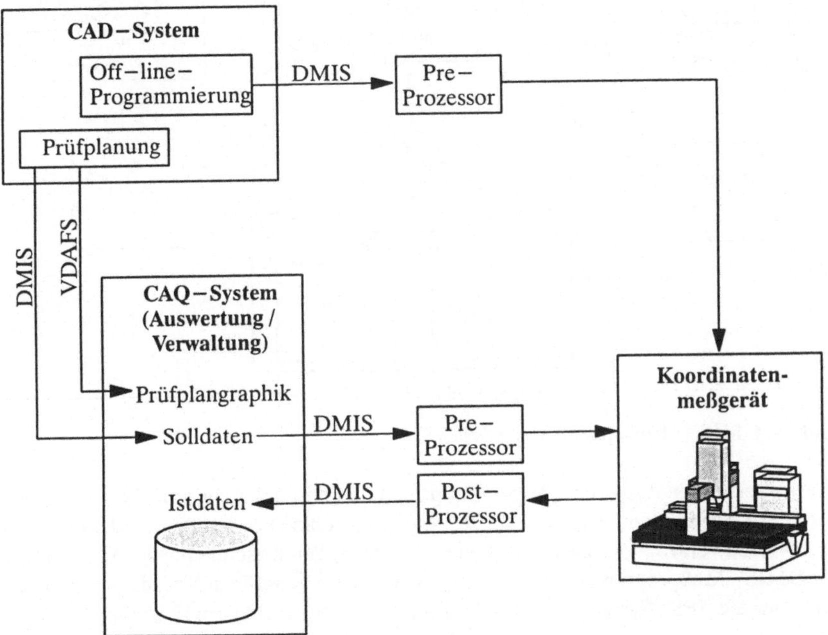

Bild 13: EDV–Schnittstellen in der Formsicherung

EDV–Schnittstellen in der Formsicherung sind für den Austausch von Daten notwendig (Vgl. Bild 13). Meßprogramme werden für Koordinatenmeßgeräte (Vgl. Kap. 4.6) mit Hilfe von Off–line–Programmiersystemen (Vgl. Kap. 4.5) generiert und können in dem international genormten DMIS–Format beschrieben werden. Pre–Prozessoren konvertieren diese Meßprogramme in das Steuerformat des jeweiligen Koordinatenmeßgerätes. Parallel dazu werden Meßprogramme für manuelle oder CNC–gesteuerte Koordinatenmeßgeräte auf Basis der Solldaten, die im CAQ–System gespeichert sind, erstellt. Zur Auswertung bzw. Meßprogrammerstellung werden Solldaten über genormte Schnittstellen mit Hilfe des VDAFS– und DMIS–Format /27, 28/ auf das CAQ–System übertragen. Das

VDAFS–Format wird für die Übertragung von geometrischen Informationen eingesetzt, während mit dem DMIS–Format Soll– und Istwerte sowie Toleranzen übermittelt werden (Vgl. Bild 14).

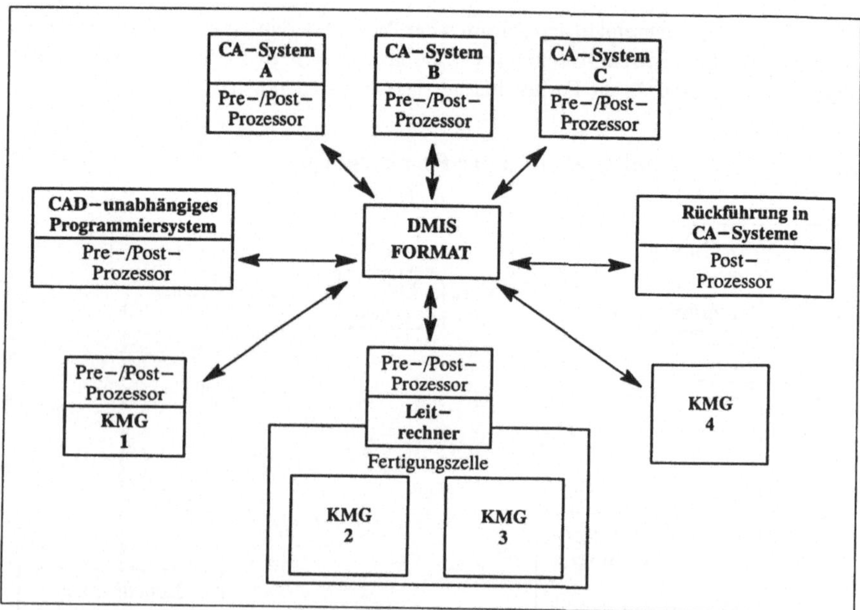

Bild 14: DMIS – Einsatzumgebung /29/

Die Weiterverarbeitung von DMIS–Meßprogrammen ist abhängig von Hard– und Software der Koordinatenmeßgeräte. DMIS–Meßprogramme können direkt oder über Postprozessoren verarbeitet werden. Letztere übersetzen den maschinenunabhängigen Code der DMIS–Meßprogramme in den Maschinencode des jeweiligen Koordinatenmeßgerätes. Über ein PPS–System kann das Programm termingerecht verteilt werden.

4.4 CAD–integrierte Prüfplanung

Der Einsatz von CAD–Systemen bietet Möglichkeiten für die Prüfplanung. Im CAD–System kann der Konstrukteur bereits in der Erstellungsphase die wichtigen Maße und Funktionen kennzeichnen. Mit CAD–Daten wird die Wirtschaftlichkeit der Prüfplanung nach dem abgeschlossenen Konstruktionsprozeß erhöht. Entsprechende Softwaretools beschreiben z.B. BLÄSING oder EVERSHEIM /30, 31, 32/. Ein allgemeiner, graphischer Prüfplan für die Formsicherung wird im CAD–System in folgenden Schritten erstellt:

Schritt	Erstellung eines graphischen Prüfplanes im CAD–System
1	Übernahme des CAD–Modells
2	Kennzeichnung qualitätskritischer Merkmale
3	Eintragung und Verknüpfung durchzuführender Prüfungen mit graphischen Planungssymbolen
4	Angaben zu Prüfschärfe, –ort, –frequenz und –anweisungen
5	Ausgabe und Verwaltung des graphischen Prüfplanes im CAD–System

Tabelle 6:   Schritte zur Erstellung graphischer Prüfpläne im CAD–System

Die Kennzeichnung qualitätskritischer Merkmale durch den Konstrukteur ist als Vorteil zu werten, da in allen weiteren Entwicklungsschritten durch die Formsicherung auf diese Informationen zurückgegriffen werden kann.

4.5 CAD–integrierte Off–line Programmierung

In der Formsicherung wird die Istoberfläche mit Sensoren erfaßt. Hierfür sind Meßprogramme notwendig, die mit CAD basierten Off–line–Programmiersystemen erstellt werden. Durch die Integration kann direkt auf geometrische Informationen zugegriffen werden. Insgesamt ergeben sich folgende Vorteile /33/:

– Nutzung des CAD–Datenmodells einschließlich der Toleranzen,
– Off–line–Programmierung auch für komplexe Teile transparent und
– Meßprogrammsimulation mit Kollisionsprüfung.

Die Generierung eines Meßprogrammes im CAD–System wird in folgenden Schritten bearbeitet:

Schritt	Erstellung eines Meßprogrammes
1	Bestimmen der Spannmittel– und Taststiftkonfiguration
2	Festlegen der Aufspannung eines Werkstückes und Kalibrierung des Taststiftes
3	Erfassen von Prüfmerkmalen und Einfügung zusätzlicher Verfahranweisungen
4	Einfügen von Anweisungen zur Auswertung
5	Simulation des Meßprogrammes (Kollisionsuntersuchungen)

Tabelle 7:   Schritte zur Erstellung von Meßprogrammen mit Hilfe von CAD–integrierten Off–line–Programmiersystemen

Das Vorgehen der Off–line–Programmierung am CAD–Arbeitsplatz erfolgt analog zu der Teach–In–Programmierung (Lernprogrammierung) am Koordinatenmeßgerät.

Meßprogramme werden mit Hilfe von Postprozessoren in die jeweilige Maschinensprache des Koordinatenmeßgerätes übersetzt und über ein Netzwerk an den Rechner des Koordinatenmeßgerätes übertragen. Danach kann das Meßprogramm ausgeführt und das Ergebnis dokumentiert werden (Vgl. Bild 15).

Die Integration der Off–line Programmierung in eine Prozeßkette wurde z.B. von SPRANG und STERK untersucht /34/. Voraussetzung dafür ist eine standardisierte und funktionsgerechte Schnittstelle, die eine weitgehende Maschinenunabhängigkeit gewährleistet. Die DMIS–Schnittstelle ermöglicht die Beschreibung aller zum Meßablauf gehörenden Funktionen /29/ (Vgl. Kap. 4.3).

Die Rückführung von Meßergebnissen in ein CAD–System ist bei regelgeometrischen Elementen im allgemeinen nicht erforderlich, da aufgrund von Abweichungen direkt über eine Korrektur entschieden werden kann. Bei Freiformflächen hingegen ist eine Beurteilung von Gestaltabweichungen schwieriger. Aus diesem Grund wird die Rückführung der Ist–Meßpunkte in ein CAD– bzw. CAQ–System notwendig, um Gestaltabweichungen graphisch darstellen und auswerten zu können.

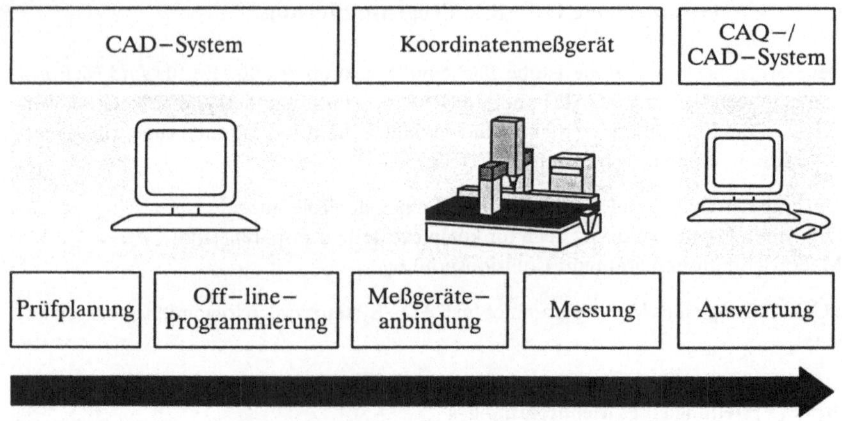

Bild 15: Off–line–Programmiersystem als Baustein des CAQ–Konzepts /34/

4.6 Meß– und Prüfmethoden der Formsicherung

In den Abschnitten 4.6.1 und 4.6.2 werden Verfahren der taktilen und berührungslosen Koordinatenmeßtechnik für die Formsicherung dargestellt.

4.6.1 Taktile Koordinatenmeßtechnik zur Erfassung regelgeometrischer Elemente und Freiformflächen

Grundsätzlich wird in der Entwicklung und Fertigung ein annähernd gleiches Teilespektrum bezüglich der Form bearbeitet (Vgl. Kap. 2, Bild 1). Mit Hilfe der taktilen Koordinatenmeßtechnik wird die Istoberfläche erfaßt. Der Einsatz dieser Meßtechnik wird allerdings von einer geforderten Meßgenauigkeit bezüglich des Meßvolumens bestimmt. Die Meßgenauigkeit wird durch Umgebungsbedingungen wie Temperatur, Luftfeuchtigkeit, Schwingungen oder Staub– und Ölnebelgehalt in der Luft beeinflußt /35, 36/.

Innerhalb der industriellen Qualitätssicherung mit Koordinatenmeßgeräten werden folgende Aufgaben durchgeführt /37/:

– Musterprüfungen,
– Erstteilabnahmen,
– Stichprobenprüfungen und
– Prüfmittelüberwachung.

Die Inhalte der oben aufgeführten Aufgaben beziehen sich auf Qualitätsprüfungen geometrischer Größen. Diese Größen sind z.B. auf Innenabstände, Außenabstände, Bohrungsdurchmesser, Lage– und Gestaltabweichungen zurückzuführen. Es stehen zwei unterschiedliche Tastsysteme (Sensoren) für den Einsatz in Koordinatenmeßgeräten oder Werkzeugmaschinen zur Auswahl /38, 39/:

Verfahren	Beschreibung	Beispiel
Schaltende Tastsysteme	Berührt die Tastkugel das Werkstück, wird durch ein Schaltsignal das Auslesen der Wegmeßsysteme veranlaßt und die aktuelle Position in x–, y– und z–Koordinaten gespeichert. Schaltende Tastsysteme werden überwiegend für die Lageerkennung, die Identifikation und die Ausrichtung von Werkstücken verwendet.	
Messende Tastsysteme	Ein messender Taster tastet linienförmig die Werkstückoberfläche ab, wobei die aktuellen Positionen der Meßachsen kontinuierlich gespeichert werden. Messende Tastsysteme kommen bei der Digitalisierung von Freiformflächen zum Einsatz.	

Tabelle 8: Tastsysteme für Koordinatenmeßgeräte

4.6.2 Berührungslose Meßverfahren zur Erfassung von Freiformflächen

Berührungslose Meßverfahren können nach dem physikalischen Prinzip eingeteilt werden (Vgl. Tab. 9). Sie finden vorwiegend Anwendung bei der Digitalisierung von Freiformflächen. Hierbei können Datenreduktionsverfahren zur Weiterverarbeitung der digitalisierten Daten im CAD–System erforderlich sein /40/. Der Einsatz berührungsloser Meßverfahren ist abhängig von der Komplexität, der Größe der Modelle und den Anforderungen an das Meßverfahren.

Die On−line−Photogrammetrie eröffnet neue Perspektiven für die Formsicherung, weil der Informationsgehalt über die Geometrie komplett erfaßt und abgespeichert wird. Falls später Informationen zur Geometrie des Werkstücks benötigt werden, kann direkt auf die einmal gewonnenen Informationen zurückgegriffen werden. Dieses Verfahren kann beispielsweise für die Flächenrückführung eingesetzt werden.

Verfahren	Beschreibung	Prinzip
Lasertriangulation	Bei der Lasertriangulation wird ein Laserstrahl mit einer Fokussierungsoptik auf das Meßobjekt projiziert, wobei ein Teil diffus zum Sensor reflektiert wird. Die Empfängeroptik bildet diesen Fleck auf einem positionsempfindlichen Element ab /41, 42/.	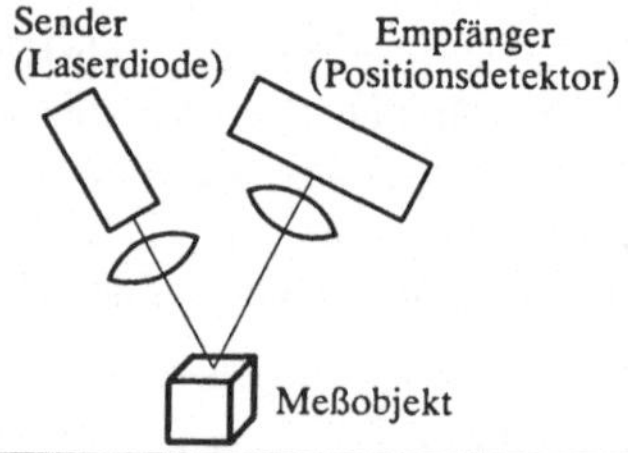
Theodolit−Meßsystem	Über zwei an frei wählbaren Orten aufgestellte Theodolite erfolgt gleichzeitig eine manuelle oder automatische Anvisierung von signalisierten Objektpunkten. Eine rechnerische Ermittlung der Objektkoordinaten erfolgt aus abgegriffenen Horizontal− und Vertikalwinkeln /43/.	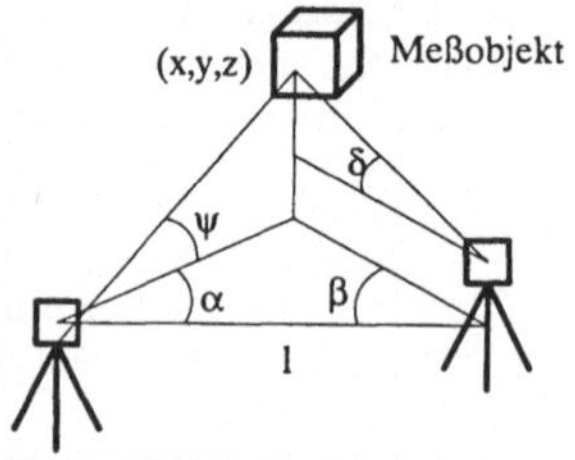
Moiré−Technik	Bei der Überlagerung von zwei unterschiedlich ausgerichteten Gittern entsteht eine Reihe von Interferenzlinien (Moiré−Linien). Dieses Prinzip wird in der Moiré−Technik angewandt. Dabei wird ein feines Moiré−Gitter auf das Meßobjekt projiziert, das wiederum auf ein Referenzgitter abgebildet wird. Die Überlagerung der beiden Gitter ergibt ebenfalls ein Streifenbild. Die Intensitätsverteilung der Streifenbilder enthält Informationen über die räumliche Struktur des abgebildeten Objektes /42/.	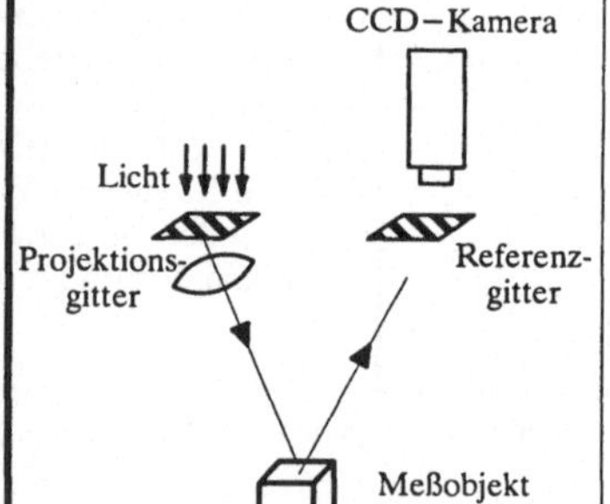

Verfahren	Beschreibung	Prinzip
Hologra-phie	Der Laserstrahl wird mit einem Strahlenteiler in einen auf das Objekt gerichteten Strahl und den sogenannten Referenzstrahl geteilt. Beim Auftreffen auf das Objekt wird das Laserlicht entsprechend der Objektform gebeugt. Werden die derartig veränderten und vom Objekt reflektierten Lichtwellen mit den Lichtwellen des Referenzstrahls von einer Videokamera registriert, ergibt sich ein Hologramm, eine räumliche Abbildung des Objektes /42/.	
On–line–Photogrammetrie	Die Erfassung und On–line Auswertung von dreidimensionalen Teilen wird mittels hochauflösender CCD–Kameras realisiert. Hierzu werden die Bildinformationen, die in verschiedene Graustufen aufgeteilt sind, mit einer Referenztabelle verglichen /44/. Die Unterscheidung der Graustufen wird durch ein Muster unterstützt, das mit Hilfe eines Markierungsprojektors auf das Meßobjekt projiziert wird.	

Tabelle 9: Berührungslose, optische Meßverfahren

4.7 Numerische, graphische und statistische Auswertungen

Auswertung "Einzelteil"	Beschreibung/Inhalt
Listenauswertung	Folgende Informationen stehen für jeden Meßpunkt zur Verfügung: – Meßpunktnummer – $x-$, $y-$, $z-$Sollwerte – $x-$, $y-$, $z-$Istwerte – $dx-$, $dy-$, $dz-$Abweichungen – obere und untere Toleranzgrenze.
Strahlendiagramm	Meßpunkte werden als Pfeile oder Symbole in Richtung ihrer Abweichung gekennzeichnet. In die Pfeile werden Meßpunktnummern und/oder Abweichungen eingetragen.
Schnittdarstellungen	Schnitte und Formkurven des Soll–/ Istverlaufs werden überhöht dargestellt.

Tabelle 10: Auswertung eines Einzelteiles

Auswertung "Serienteile"	Beschreibung/Inhalt
Listenauswertung	Für eine Anzahl von Messungen (Meßreihen) bezüglich eines Meßobjektes werden folgende Angaben festgehalten: – Fertigungszustände, z.B. gepunktet in Fertigungsstraße 1 – Mittelwerte – Spannweiten – Standardabweichung – Anzahl Meßpunkte außerhalb der Toleranz – Maxima und Minima – Toleranzen
Diskretes Strahlendiagramm	Abweichungen der Soll–/ Ist–Meßpunkte werden in Form von Strahlen symbolisiert.
Statistisches Strahlendiagramm	Statistische Mittelwerte, Maxima und Minima von Meßreihen gleicher Meßpunkte werden in Form von Strahlen skizziert.
Balkendiagramm	Abweichungen von Soll–/ Ist–Meßpunkten einer Meßreihe werden in Form von Balken dargestellt. Weiterhin werden Fertigungszustände sowie Häufigkeitsverteilungen angegeben.
Punktwolkendiagramm	Die Lage der Ist–Meßpunkte einer Meßreihe wird in einer Schnittzeichnung der betrachteten Region aufgezeigt. Zusätzlich wird in der Schnittzeichnung die untere und obere Toleranz eingetragen.

Tabelle 11: Auswertung von Serienteilen

Ein Prüfbericht für die Formsicherung weist folgende Inhalte auf /45/:

– Parameter der Prüfung,
– Numerischer Soll–Ist–Vergleich von Meßpunkten,
– Graphische Darstellung der Meßpunkte und Abweichungen,
– Statistische Auswertungen und
– zusätzliche Angaben (z.B. Termine oder Maßnahmen),

wobei Auswertungen von Einzel– und Serienteilen den in den Tabellen 10 und 11 beschriebenen Arten entprechen können (Siehe dazu Beispiele in /45/).

Darüberhinaus gibt es eine Vielzahl von spezifischen Auswertungen, die für Detailanalysen erforderlich sein können. WECKENMANN und WEBER beschreiben dazu funktionsorientierte Approximationsverfahren für regelgeometrische Elemente und weisen auf folgende zwei Aufgaben hin, welche für die Formsicherung von Bedeutung sind /46/:

– Feststellung der Funktionsanforderungen und
– Ermittlung von Korrekturparametern zum Aufbau von "kleinen Regelkreisen"
  (Vgl. Kap. 4.8).

Außerdem werden wichtige Funktionen eines Werkstücks aufgeführt, die durch Gestaltabweichungen beeinträchtigt werden:

– Montagefähigkeit (z.B. Welle und Bohrung),
– Festigkeit eines Werkstücks (Wanddicke),
– Dichtungsfähigkeit (Ebenheitsabweichung),
– Laufruhe (z.B. Rundlauf einer Welle) und
– Möglichkeit der Weiterverarbeitung (z.B. Zapfen eines Schmiedeteils).

Diese Funktionen lassen sich bei Standardformelementen durch wenige Maß–, Form– und Lageparameter ableiten. Im Gegensatz dazu werden Freiformelemente analytisch durch Parameter beschrieben, die nicht direkt meßbar sind.

4.8   Qualitätsregelkreise in der Formsicherung

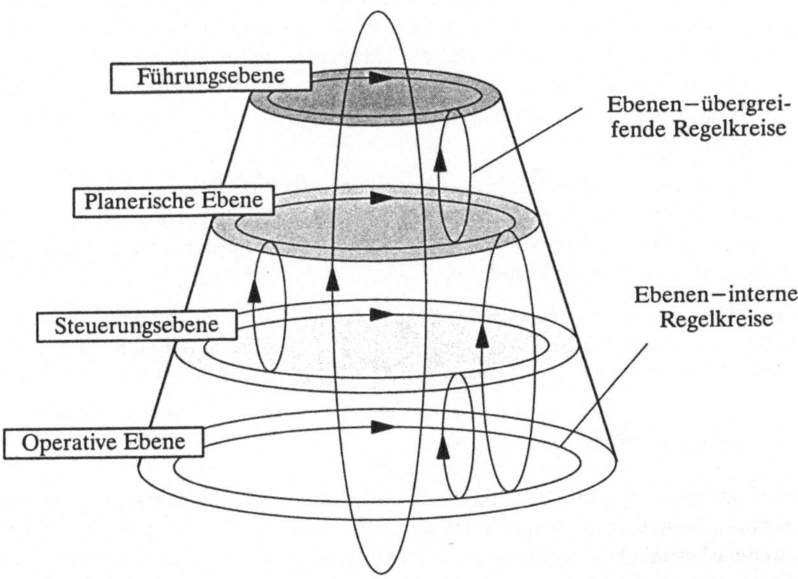

Bild 16: Organisatorische und technische Regelkreise im gesamten Unternehmen /47/

Mit Hilfe von Qualitätsregelkreisen in der Formsicherung wird die Qualität und Funktion eines Produktes im Produktentstehungsprozeß sichergestellt. Hierfür wird in der operativen Ebene die Istoberfläche erfaßt und mit der geometrischen Oberfläche verglichen. Anhand des Vergleichs werden numerische, graphische oder statistische Auswertungen erstellt. Sind die Ursachen der festgestellten Gestaltabweichungen bzw. Streuungen z.B. durch einen Werkzeugverschleiß bekannt, können Korrekturen direkt in der laufenden Fertigung vorgenommen werden. Wird dagegen die Qualität bzw. eine Funktion durch konstruktive Fehler verursacht, sind in der Steuerungsebene Änderungen im CAD–Datenmodell, zusammen mit der operativen Ebene, abzustimmen. In der Planungsebene werden Qualitätsmerkmale zusammen mit allen anderen Ebenen festgelegt, wobei für spezielle Anforderungen in der operativen Ebene Qualitätsmerkmale ergänzt werden können. Vorgaben der Qualität erfolgen in der Führungsebene, wobei diese Ebene mit Hilfe statistischer Auswertungen durch die operative Ebene unterstützt wird (Vgl. Bild 16).

Zusammengefaßt werden in ebeneninternen und –übergreifenden Regelkreisen folgende Aufgaben bearbeitet:

– Managementaufgaben,
– Planungsaufgaben,
– Steuerungsaufgaben,
– Dokumentationsaufgaben und
– Analyseaufgaben.

In der operativen Ebene der Formsicherung werden geometrische Qualitätsmerkmale der Produkte erfaßt. Damit wird der Nachweis erbracht, daß das Werkstück die vom Konstrukteur geforderten geometrischen Eigenschaften aufweist. Die Rückführung der konstruktionsbezogenen Prüfdaten in den Bereich der Konstruktion ermöglicht einen Vergleich zwischen den geplanten und den tatsächlichen Merkmalen. Hierfür muß der Konstrukteur zulässige Gestaltabweichungen festlegen, die durch Maß–, Form– oder Lagetoleranzen ausgedrückt werden.

Gestaltabweichungen geben zum einen Aufschluß über die geometrischen Eigenschaften und zum anderen über die Austauschbarkeit von Bauteilen. Die Ergebnisse schließen die Erfassung von Funktions– und Anschlußmaßen sowie die Prüfung der Form und Lage von Anschlußteilen und Funktionsflächen ein.

In den Regelkreisen kommt der Informationsverarbeitung eine zentrale Bedeutung zu. Auf diesen Sachverhalt wird bei der Erläuterung des im Rahmen dieser Arbeit entstandenen Modells der Formsicherung eingegangen (Vgl. Kap. 6.1 bis 6.3).

4.9 Selektive Montage

Bei der selektiven Montage werden Einzelteile entsprechend einem optimalen Funktionsmaß montiert. Beispielsweise kann die selektive Montage im Rohbau angewandt werden, um Einzelteile bestmöglichst miteinander zu kombinieren. Darin liegt auch der Nutzen der selektiven Montage, während der Nachteil in dem zusätzlichen Aufwand liegt, der zur Bestimmung des optimalen Funktionsmaßes notwendig ist. Weiterhin sind Analysen erforderlich, um Toleranzen bezüglich funktionstragender Wirkflächen festzulegen.

GRABSCHEID, HIRSCHMANN und LECHNER untersuchen Werkzeuge zur Unterstützung einer optimalen Toleranzfestlegung /48/. Die Toleranzanalyse und –synthese basieren auf einem räumlichen Toleranzmodell, das neben Maßtoleranzen auch Lage– und Formtoleranzen berücksichtigt. Fertigungsbedingt ergeben sich an den einzelnen Bauteilen Gestaltabweichungen von der geometrischen Oberfläche (CAD–Datenmodell). Die funktionsbeeinflußende Gesamtabweichung ergibt sich aus der Summe aller Einzelabweichungen der Bauteile.

Ziel des Forschungsvorhabens von LECHNER ist die Entwicklung eines räumlichen Toleranzmodells, das die toleranzbehafteten Bauteile, ihre Paarung und die daraus resultierenden Produkteigenschaften modelliert. Eine spezielle Anwendung ist die selektive Montage, wobei die Geometrie sämtlicher funktionstragender Wirkflächen der Bauteile erfaßt werden muß. Mit Hilfe des Toleranzmodells und einer geeigneten Montagestrategie ist es dann möglich, das Funktionsmaß optimal zu gestalten.

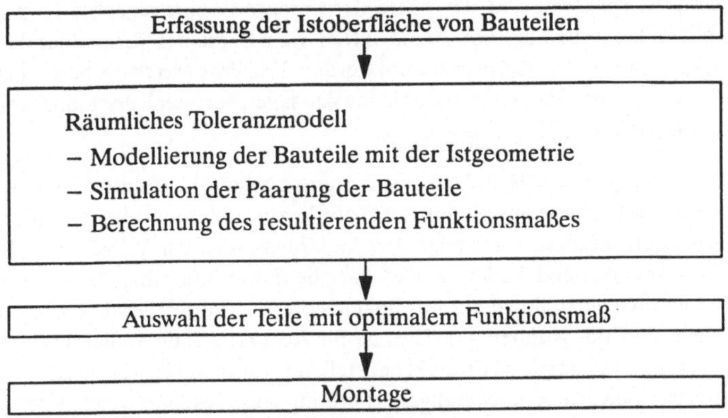

Bild 17: Aufgaben des Toleranzmodells bei der selektiven Montage /48/

Das Toleranzmodell erlaubt eine Toleranzanalyse, die der Beurteilung des Einflusses von Einzeltoleranzen auf die Funktion eines Produktes dient. Außerdem unterstützt es eine Toleranzsynthese zur optimalen Festlegung von Toleranzen einzelner Bauteile. Die Toleranzanalyse als auch die Toleranzsynthese basieren auf demselben Modell.

4.10 Offene Problempunkte

Die nach dem Stand der Forschung und Technik noch offenen Problempunkte beziehen sich auf die Minimierung von Gestaltabweichungen und Streuungen. Hierfür müssen die unbekannten Zusammenhänge zwischen der Minimierung und den Produktfunktionen bezüglich funktionstragender Wirkflächen hergeleitet werden.

Ein weiterer Problempunkt liegt in der Aufbereitung von Informationen. Hierzu sind funktionsorientierte Methoden und Verfahren für die Bewertung von Gestaltabweichungen erforderlich. Für die Minimierung von Streuungen fehlt bisher ein effektiver Ablauf zur Ermittlung von Einfluß–und Zielgrößen.

Die in Kapitel 4 aufgezeigten Problempunkte werden in dem in Kapitel 6 beschriebenen Modell behoben. Die Anwendung dieses Modells wird in Kapitel 7 beschrieben und bewertet.

4.10.1 Funktionsorientierte Bewertung von Gestaltabweichungen

Qualitätsregelkreise für die Formsicherung werden mit der Prüfplanung, der Off–line–Programmierung und taktilen bzw. optischen Meßverfahren aufgebaut. Dieses Instrumentarium stellt die Basis für die Generierung von numerischen, graphischen oder statistischen Auswertungen dar. Die Auswertungen beziehen sich auf ein Koordinatensystem, das im Karosseriebau beispielsweise in der Mitte der vorderen Fahrzeugachse liegt. Mit den Meßergebnissen kann die Lage von Ausschnitten wie z.B. die der Türen oder der Front– und Heckklappe in der Karosserie bestimmt werden. Das Problem dabei besteht allerdings darin, daß anhand dieser Vorgehensweise keine Aussagen bezüglich der Funktionalität der Ausschnitte abgeleitet werden können.

Die Funktion eines Einzelteiles oder einer Baugruppe kann beurteilt werden, wenn Gestaltabweichungen in bezug auf ein lokales Koordinatensystem ermittelt werden. Dieses Koordinatensystem muß entsprechend den funktionstragenden Wirkflächen festgelegt werden. Zusammenfassend bedeutet dies für die Formsicherung, daß Gestaltabweichungen hinsichtlich eines globalen Koordinatensystems ermittelt werden müssen, das für alle Einzelteile und Baugruppen gilt. Dies ist für Korrekturmaßnahmen notwendig, um Auswirkungen auf das komplette Produkt beurteilen zu können. Weiterhin ist die zur funktionsorientierten Bewertung notwendige Ermittlung von Gestaltabweichungen in bezug auf ein lokales Koordinatensystem auf Basis funktionstragender Wirkflächen kosten– und zeitaufwendig. Aus diesem Grund ist die Entwicklung neuer Lösungen empfehlenswert.

Die gleiche Problematik stellt sich bei Meßergebnissen von Einzelteilen, die in bezug auf ein Koordinatensystem ermittelt werden. Anhand der Meßergebnisse müssen in den Qualitätsregelkreisen unterschiedliche Funktionen der Einzelteile beurteilt werden. Dies ist nach bisherigem Stand der Forschung und Technik nicht möglich.

4.10.2 Streuungen der Form von Serienteilen

Streuungen der Form an Serienprodukten können trotz präventiver Maßnahmen in der Entwicklung oder Planung nicht ausgeschlossen werden. In diesen Fällen fehlt eine systematische Vorgehensweise (Konzept) zur Analyse bzw. Minimierung dieser Streuungen.

Mit Hilfe der Methoden der statistischen Versuchsplanung können Haupteinflußgrößen und Wechselwirkungen von Streuungen ermittelt werden. Für die Ermittlung können unterschiedliche Abläufe hinsichtlich der Anwendung dieser Methoden herangezogen werden (Vgl. Kap. 4.2). Anhand dieser Abläufe wird die Vorgehensweise ersichtlich; es wurden aber bisher noch keine detaillierten Schritte für eine systematische und zielführende Anwendung der Versuchsmethodik abgeleitet. Eine konkrete Anwendung der Methoden der statistischen Versuchsplanung in der Formsicherung fehlt.

Die eigentliche Schwierigkeit liegt in der Regel nicht in der Versuchsmethode, sondern in dafür erforderlichen Vorarbeiten. Das Problem hierbei ist, daß Produkt– und Prozeßinformationen nicht in die bisherigen Abläufe integriert sind.

5 Anforderungsprofil an die Formsicherung

Aufgrund der Problemstellung und der dargelegten offenen Problempunkte, die in Kapitel 3 bzw. 4.10 erläutert sind, ergeben sich Anforderungen an die Formsicherung. Diese beziehen sich auf das Gesamtkonzept der Formsicherung sowie auf die Minimierung von Gestaltabweichungen und Streuungen (Vgl. Anforderungslisten in Kap. 5.1 − 5.3).

5.1 Anforderungen an das Gesamtkonzept

Nr.	Forderung	Klassifikation
1	Festlegung funktionstragender Wirkflächen	F
2	Funktionsorientierte Festlegung von Toleranzen	F
3	Genormte Schnittstellen/ Datenaustausch	W
4	Klassifizierung von Prüfmerkmalen	W
F: Festforderung; W: Wunschforderung		

Tabelle 12: Anforderungsliste für das Gesamtkonzept

Um funktionale Prüfmerkmale festlegen zu können, ist die Kenntnis von funktionstragenden Wirkflächen erforderlich. Diese Kenntnis, die der Konstrukteur während der Konstruktion erwirbt, wird heute noch nicht auf die Formsicherung übertragen. Aus diesem Grund muß die Information über funktionstragende Wirkflächen an die Formsicherung übermittelt werden. Dies ist insbesondere bei komplexen Produkten mit einer Vielzahl funktionstragender Wirkflächen wichtig. Wenn funktionstragende Wirkflächen definiert sind, dann können für sie Prüfmerkmale festgelegt werden. Die Prüfmerkmale müssen mit Toleranzen behaftet werden, anhand derer sich Produktfunktionen beurteilen lassen (Vgl. Tab. 12).

Die Formsicherung erstreckt sich über mehrere Phasen des Produktentstehungsprozesses. Für die Formsicherung ist ein Datenaustausch sowohl im internen, bereichsübergreifenden Ablauf als auch zwischen dem Unternehmen und seinen Zulieferern notwendig. Für diesen Datenaustausch müssen Schnittstellen definiert werden. Da über Schnittstellen die Zulieferer in den Datenaustausch eingebunden werden, sind genormte Schnittstellen wünschenswert .

Aufgrund der Komplexität der Produkte in der Automobilindustrie gibt es eine Vielzahl von Prüfmerkmalen. Diese Prüfmerkmale wurden bisher noch nicht klassifiziert, um beispielsweise Prüfmerkmale in bezug auf Anschlußflächen von anderen unterscheiden zu können. Eine Klassifizierung ist allerdings empfehlenswert, um gezielt Qualitätsaussagen hinsichtlich des Produktentstehungsprozesses herleiten zu können. Die Notwendigkeit einer Klassifizierung zeigt sich z.B. daran, daß für den Designer ästhetische Merkmale im Vordergrund stehen, während im Rohbau funktionale Merkmale wichtig sind.

5.2   Anforderungen an die Minimierung von Gestaltabweichungen

Nr.	Forderung	Klassifikation
1	Funktionsorientierte Auswertung	F
2	Einbeziehung von Rahmenbedingungen	F
3	Rechnerunterstützte Simulation	F
4	Automatisierung der Simulationen	W
F: Festforderung; W: Wunschforderung		

Tabelle 13: Anforderungsliste für die Minimierung von Gestaltabweichungen

Für die Minimierung von Gestaltabweichungen an Einzelteilen sind funktionsorientierte Auswertungen notwendig. Ist–Meßpunkte, die beispielsweise von einer Karosserie gewonnen werden, können durch Form– und Lageabweichungen beeinflußt sein (Vgl. Bild 3). Diese Kenntnis ist für die Beurteilung der Funktion notwendig. Die Meßergebnisse der Koordinatenmeßtechnik, die sich im Normalfall auf ein Koordinatensystem beziehen, das in der Mitte der Vorderachse der Karosserie liegt, erlauben keine getrennte Beurteilung der Form– und Lageabweichungen. Um Verbesserungsmaßnahmen durchführen zu können, kann entweder die Einbaulage oder die Form des Werkzeuges korrigiert werden. Letzteres ist mit hohen Kosten verbunden, während die Lage im Fertigungsprozeß durch einfache Maßnahmen verändert werden kann.

Für funktionsorientierte Auswertungen müssen Rahmenbedingungen mit in die Betrachtung einbezogen werden. Rahmenbedingungen im Karosseriebau beziehen sich auf Anschlußbereiche benachbarter Bauteile, Produktfunktionen bzw. kritische Bereiche (Vgl. Tab. 14).

Bereich/Funktionen	Rahmenbedingungen
Anschlußbereiche	– Übergänge zu Nachbarteilen – Spalt zwischen Einzelteilen – Anschlußflächen
Produktfunktionen	– Schließfunktionen von Ausschnitten – Dichtheit von Ausschnitten
Kritische Bereiche	– Übergänge von Kanten an unterschiedlichen Teilen – Anbauteile (z.B. Scharniere)

Tabelle 14: Rahmenbedingungen

Eine Funktion gilt nur dann als gesichert, wenn funktionstragende Wirkflächen der einzelnen Bauteile zueinander in einer definierten geometrischen Beziehung stehen. Hierfür wird von Anwendern im Qualitätsmanagement eine rechnerunterstützte Simulation gefordert. Unterschiedliche, geometrische Beziehungen von Bauteilen sollen somit analysierbar werden.

Weiterhin wird von Anwendern gefordert, daß rechnerunterstützte Simulationen nicht nur bei Problemanalysen einzelner Bauteile eingesetzt werden, sondern auch auf die Serienproduktion übertragen werden. Hierfür ist es notwendig, den Ablauf der Simulation für Serienteile zu automatisieren.

5.3 Anforderungen an die Minimierung von Streuungen

Um Streuungen von Serienteilen zu minimieren, müssen Haupteinflußgrößen einschließlich Wechselwirkungen bestimmt werden. Durch deren Bestimmung wird erst die Herleitung von Verbesserungsmaßnahmen möglich. Die Haupteinflußgrößen müssen auch in bezug auf meßbare Zielgrößen abgeleitet werden, um die Minimierung von Streuungen beurteilen zu können.

Der Praktiker vermißt einen systematischen und detaillierten Ablauf zur Minimierung von Streuungen hinsichtlich der in Tabelle 15 gemachten Anforderungen. In diesen Ablauf müssen die Informationen bezüglich Einflußgrößen von Streuungen integriert werden.

Nr.	Forderung	Klassifi-kation
1	Bestimmung von Haupteinflußgrößen auf Streuungen	F
2	Zusammenhänge zwischen Haupteinflußgrößen und Zielgrößen	F
3	Systematischer Ablauf für die Minimierung von Streuungen	F
F: Festforderung		

Tabelle 15: Anforderungsliste für die Minimierung von Streuungen

6   Modell der Formsicherung

Im Hinblick auf das Gesamtmodell der Formsicherung ist es zunächst notwendig, den Ablauf für den Produktentstehungsprozeß zu definieren (Vgl. Kap. 6.1). Innerhalb dieses Modells werden Zusammenhänge zwischen der Prüfplanung, Meßprogrammerstellung, Datenerfassung und Auswertung aufgebaut. Danach werden, in Abhängigkeit des Ablaufs der Formsicherung, die Bausteine zur Minimierung von Gestaltabweichungen und Streuungen hergeleitet (Vgl. Kap. 6.2). Hierfür sind die Schnittstellen und das Datenmodell für die Formsicherung festzulegen (Vgl. Kap. 6.3). Die Regelmechanismen selbst werden in den Abschnitten 6.4 und 6.5 erläutert.

6.1   Ablauf der Formsicherung

Der Ablauf der Formsicherung wird schwerpunktmäßig anhand des technischen Informationsflusses dargestellt, der sich am Produkt bzw. Fertigungsprozeß orientiert. Eine gemeinsame Datenbasis der bereichs – und werksübergreifenden Formsicherung für den Produktentstehungsprozeß kann im CAD – bzw. CAQ–System aufgebaut werden. Der Vorteil einer gemeinsamen Datenbasis besteht darin, daß die sonst redundante Datenhaltung vermieden wird /4/. Die damit erzielbare Durchgängigkeit in der Formsicherung muß aber auch rückwärts gewährleistet sein, damit später erworbene Kenntnisse in der gemeinsamen Datenbasis direkt korrigiert bzw. aktualisiert werden können.

Die Formsicherung beginnt damit, daß im CAD – System Prüfmerkmale festgelegt werden. Hierzu werden die zu prüfenden Bereiche im CAD – Datenmodell markiert. Anhand der Markierungen wird die Lage von Soll – Meßpunkten abgeleitet, zu denen zugehörige Ist – Meßpunkte mit Hilfe von Koordinatenmeßgeräten erfaßt werden. Die Prüfmerkmale werden nach funktionalen und geometrischen Gesichtspunkten klassifiziert. Funktionale Gesichtspunkte beziehen sich auf Anschlußflächen benachbarter Bauteile der Karosserie, während geometrische sich nach der Form der Produkte richten.

Die in Tabelle 16 aufgeführte Klassifizierung von Prüfmerkmalen in der Formsicherung ermöglicht es, gezielt Aussagen bezüglich der Qualität der Produkte abzuleiten. Zudem wird die Problemanalyse verbessert, da das Problemumfeld eingegrenzt werden kann.

Funktionstragende Wirkflächen einer Karosserie setzen sich aus Anschlußflächen benachbarter Bauteile zusammen, die durch Schweißen, Kleben, Löten oder Schrauben miteinander verbunden werden. Weiterhin kommen funktionstragende Wirkflächen an den Anlageflächen der Ausschnitte in der Karosserie und in den Anbauteilen wie z.B. an den Türen und der Dichtung im Karosserieausschnitt vor. Die Anlageflächen wirken sich auf die Dichtheit und die Schließfunktion aus. Die Dichtheit der Anbauteile wird zudem durch die Form und Lage von Verbindungselementen, wie z.B. Scharniere, beeinflußt.

Klassifizierung	Prüfmerkmale	Beispiel
funktional	Anschlußflächen Anlageflächen (z.B. Tür/Karosserie, Seitenfenster, Heckleuchte oder Radausschnitt)	• Meßpunktlage
geometrisch	Form	• Meßpunktlage

Tabelle 16: Klassifizierung von Prüfmerkmalen in der Formsicherung

Entsprechend der Klassifizierung von Prüfmerkmalen ist es sinnvoll, Toleranzen festzulegen. Die Toleranzen für funktionale Qualitätsmerkmale müssen bezüglich benachbarter Bauteile aufeinander abgestimmt werden. Beispielsweise müssen die Form – und Lagetoleranzen der Bohrungen von Scharnieren an der Karosserie und Tür in einer definierten Relation zueinander stehen. Dies trifft auch auf Toleranzen von Soll – Meßpunkten auf den Anlageflächen der Tür und Karosserie zu.

Bei der Entwicklung eines neuen Produktes liegt der Schwerpunkt der Formsicherung auf geometrischen Qualitätsmerkmalen entsprechend der Form. Ist der Formfindungsprozeß abgeschlossen, verlagert sich der Schwerpunkt der Formsicherung von geometrischen auf funktionale Merkmale. Dies zeigt sich insbesondere, wenn der Produktentstehungsprozeß von der Entwicklung in die Serienfertigung übergeht.

Wenn sich im Ablauf der Formsicherung die Aufgabe der Minimierung von Gestaltabweichungen bzw. Streuungen stellt, müssen Verbesserungsmaßnahmen im Produktentstehungsprozeß abgeleitet werden (Vgl. Bild 18). Auf diese Aufgaben – bzw. Problemstellung wird in den nachfolgenden Abschnitten eingegangen.

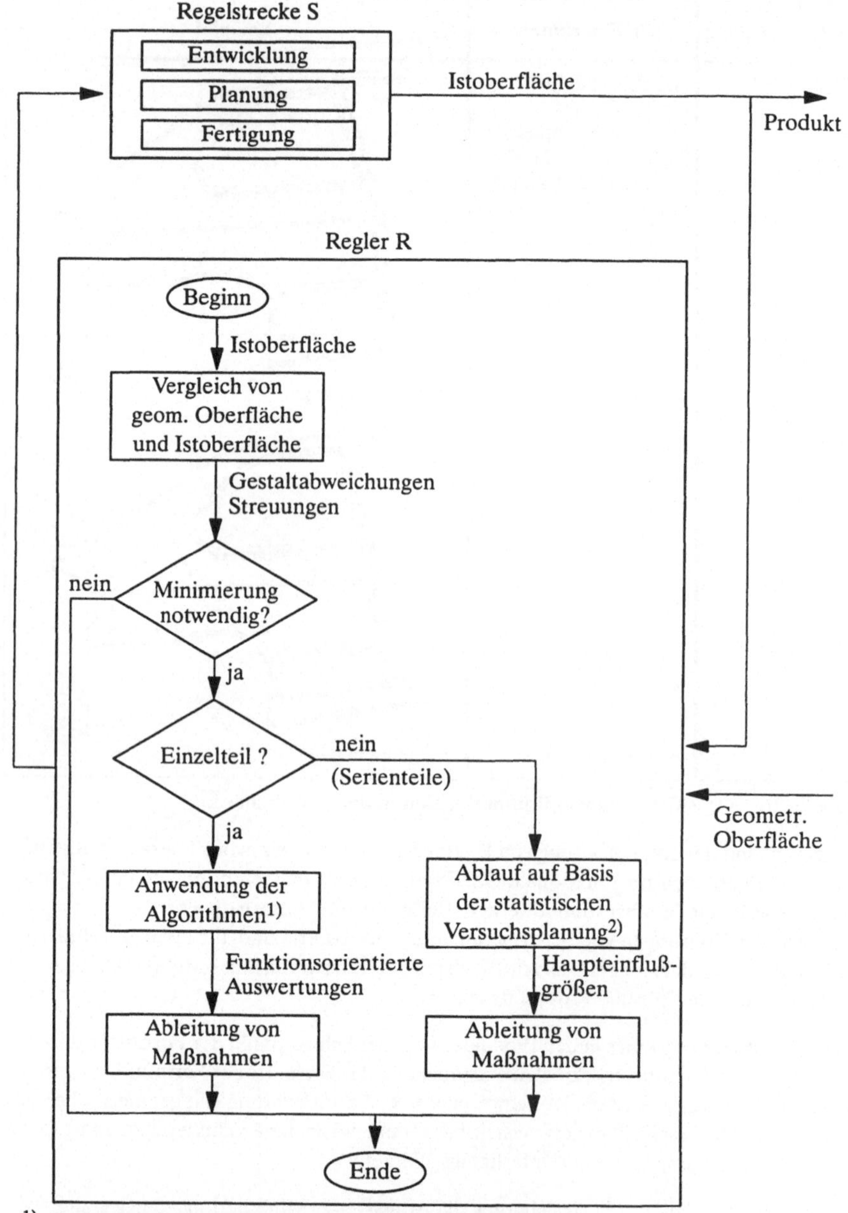

[1] Zu berücksichtigende Anforderungen aus Kapitel 5.2
[2] Zu berücksichtigende Anforderungen aus Kapitel 5.3

Bild 18: Ablauforientierte Sicht der Formsicherung (Qualitätsregelkreis)

Der in Bild 18 skizzierte Ablauf wurde entsprechend dem in Kapitel 4 beschriebenen Qualitätsregelkreis aufgebaut (Vgl. Bild 9). Das in Kapitel 6 beschriebene Modell stellt den modifizierten Qualitätsregelkreis in der Formsicherung dar.

6.2 Bausteine zur Minimierung von Gestaltabweichungen und Streuungen

Im Rahmen dieser Arbeit werden zwei Aufgabenschwerpunkte bearbeitet. Einerseits werden rechnerunterstützte Algorithmen zur Minimierung von Gestaltabweichungen an Einzelteilen entwickelt. Andererseits wird ein Ablauf zur Minimierung von Streuungen bei Serienteilen auf Basis der statistischen Versuchsplanung hergeleitet (Vgl. Bild 18, Kap. 6.1). Dazu müssen die in den Tabellen 13 und 15 aufgestellten Anforderungen in die Modelle mit einbezogen werden (Vgl. Kap. 5.2 bzw. 5.3).

6.2.1 Algorithmen zur Minimierung von Gestaltabweichungen

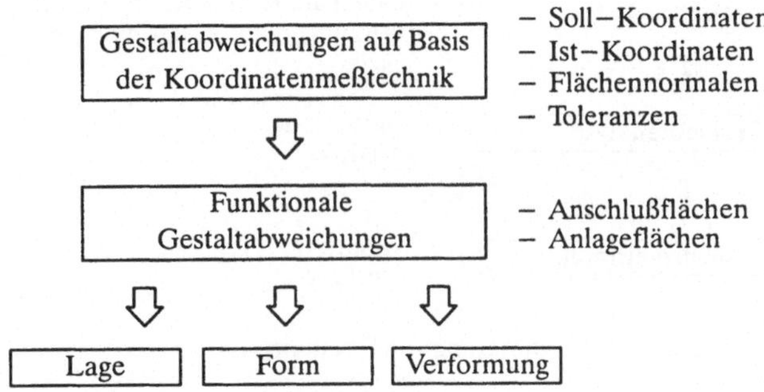

Bild 19: Beurteilung von Gestaltabweichungen

Mit Hilfe der rechnerunterstützten Algorithmen werden Aussagen bezüglich folgender Größen hergeleitet (Vgl. Bild 19):

– Gestaltabweichungen unter funktionalen Gesichtspunkten und Einbeziehung von Rahmenbedingungen,

– Aussagen zur Lage eines Produktes und

– Beurteilung von Verformungen eines Produktes.

Basis dieser Aussagen bilden dreidimensionale Meßpunkte mit dazugehörigen Flächennormalen bezüglich eines Koordinatensystems. Anhand dieser Daten müssen funktionsorientierte Auswertungen von Gestaltabweichungen bestimmt werden. Dabei stellt sich die Frage, inwieweit diese Gestaltabweichungen durch Verformungen oder durch die Lage der Produkte beeinflußt werden. Die Vorstellung geht dahin, zuerst Gestaltabweichungen un-

ter funktionalen Gesichtspunkten entsprechend den Anschluß– und Anlageflächen abzuleiten, da diese Flächen für die Funktion eines Produktes ausschlaggebend sind. Daran anschließend werden Einflüsse von Verformungen und Lageveränderungen der Produkte
analysiert.

6.2.2 Ablauf zur Minimierung von Streuungen

Unbekannte Einflußgrößen, die zu Streuungen führen, werden anhand eines Ablaufmodells auf Basis der statistischen Versuchsplanung analysiert. Die Versuchsplanung bietet
die Möglichkeit, komplexe Zusammenhänge mit wenigen Versuchen nachzuweisen. Der
Erfolg dieser Methoden konnte in zahlreichen Projekten nachgewiesen werden /49, 50, 51/.

Die Minimierung von Streuungen kann in zwei Schritte unterteilt werden. Zum einen ist
dies die Problemanalyse und zum anderen die Anwendung der Versuchsmethodik. Erstere
setzt sich aus der Definitions– und Analysephase zusammen; letztere aus der Variations–
und Synthesephase (Vgl. Bild 20).

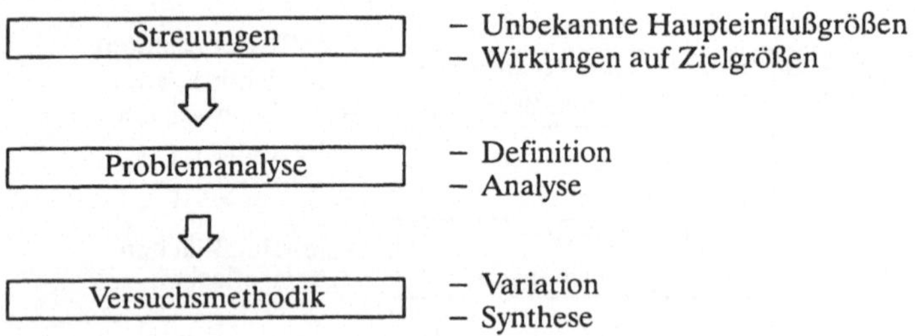

Bild 20: Schritte bezüglich der Minimierung von Streuungen

6.3 Datenstruktur und Schnittstellen

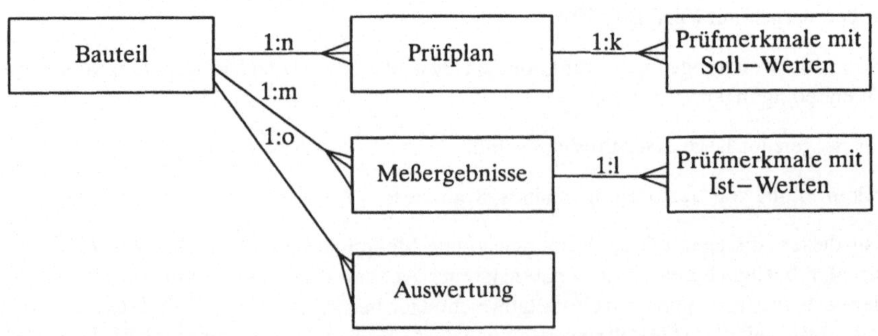

Bild 21: Datenstruktur für die Formsicherung

Die Struktur des Datenmodells der Formsicherung ist in Bild 21 dargestellt. Sie ergibt sich aus dem Ablauf der Formsicherung im Produktentstehungsprozeß (Vgl. Kap. 6.1).

Für ein Bauteil kann es unterschiedliche Prüfpläne geben. Der Grund hierfür liegt in den unterschiedlichen Anforderungen der Produktentwicklung, –planung und –fertigung. Beispielsweise unterscheiden sich Anforderungen der Serienfertigung von denen des Prototypenbaus in der Entwicklung.

Ein weiterer Grund unterschiedlicher Prüfpläne für ein Bauteil ergibt sich durch die Prüfschärfe. Beispielsweise unterscheidet sich eine Gesamtprüfung von einer Funktionsprüfung dadurch, daß eine Funktionsprüfung im Karosseriebau überwiegend durch Anschlußflächen zu benachbarten Bauteilen bestimmt wird, während sich eine Gesamtprüfung auf sämtliche Bereiche der Form bezieht. Die in Tabelle 16 gemachte Klassifizierung unterstützt diese Aufgaben (Vgl. Kap. 6.1).

Ein Prüfplan in der Formsicherung bezieht sich auf Prüfmerkmale für regelgeometrische Elemente und Freiformflächen. Der überwiegende Anteil der geometrischen Oberfläche der Karosserie setzt sich allerdings aus Freiformflächen zusammen. Hierfür werden dreidimensionale Meßpunkte festgelegt (Prüfmerkmale mit Soll–Werten). Für diese Meßpunkte sind die jeweiligen Flächennormalen zur Generierung von Meßprogrammen notwendig. Weiterhin müssen Toleranzen für zulässige Gestaltabweichungen definiert werden.

Die mit Hilfe der Koordinatenmeßtechnik resultierenden Prüfergebnisse enthalten Prüfmerkmale mit Ist–Werten. Die Struktur dieser Ergebnisse stimmt mit den Prüfmerkmalen im Prüfplan überein. Damit können Meßergebnisse den Soll–Vorgaben zugeordnet werden.

Das CAD–Datenmodell dient als Basis für die Prüfplan–Graphik (Auswertung) eines Bauteils. Üblicherweise wird für die Graphik ein Linienmodell mit charakteristischen Kanten des Bauteils aus dem CAD–Datenmodell generiert.

Auf Datenelemente, die in einer Datenbasis abgebildet sind, kann entweder direkt zugegriffen werden oder die Daten werden über genormte Schnittstellen ausgetauscht. Dabei werden Meßdaten im DMIS–Format und CAD–Daten im VDAFS–Format beschrieben (Vgl. Kap. 4.3).

Ein Prüfplan enthält zusätzliche Informationen zur Identifikation des Bauteils. Tabelle 17 gibt einen Überblick über Datenelemente in bezug auf ein Bauteil, den Prüfplan und die Messung in der Formsicherung.

Für die in Tabelle 17 beschriebenen Datenelemente gibt es keine genormte Schnittstelle. Aus diesem Grund wurde eine interne Schnittstelle definiert.

Bezug Daten- elemente	Bauteil	Prüfplan	Messung	Auswertung
	Sachnummer	Merkmalsnummer	Bauteilidentifikation	numerisch
	Änderungsindex	Merkmalsbezeichnung	Datum, Uhrzeit	graphisch (Strahlendiagramme)
	Benennung	Soll – Werte	File – Identifizierung	statistisch (Serienteile)
	Typ	Toleranzen	Merkmalsnummer	
	Baugruppe	Prüfplan – Graphik	Ist – Werte	

Tabelle 17: Datenelemente in der Formsicherung

6.4 Mathematische Lösungen zur Minimierung von Gestaltabweichungen

Lösungen für die Minimierung von Gestaltabweichungen werden unter folgenden Gesichtspunkten hergeleitet:

– geometrisch (lagebedingt)
– verformungstechnisch und
– funktional.

Die in den Abschnitten 6.4.1 bis 6.4.3 entwickelten Lösungen können in Abhängigkeit der Aufgabenstellung der Formsicherung getrennt voneinander angewandt werden.

Die entwickelten Algorithmen werden in ein Graphik – Modul, welches entsprechend der in Abschnitt 6.3 beschriebenen Datenstruktur aufgebaut ist, integriert. Mit Hilfe dieses Moduls können sowohl Prüfpläne als auch die Ergebnisse der rechnerunterstützten Einpassung graphisch dargestellt werden. Die Integration der Algorithmen in das Graphik – Modul ermöglicht den Zugriff auf die in Tabelle 17 enthaltenen Datenelemente, womit Auswertungen unter geometrischen, verformungstechnischen und funktionalen Gesichtspunkten auch visuell unterstützt generiert werden.

6.4.1 Lösung zur Minimierung von Gestaltabweichungen unter geometrischen Gesichtspunkten

Die Lage von Bauteilen der Karosserie wird mit Hilfe von Koordinatenmeßgeräten in bezug auf ein Werkstückkoordinatensystem bestimmt. Für die Minimierung von Gestaltabweichungen unter geometrischen Gesichtspunkten (Lage) wird die Summe der quadratischen Abweichungen zwischen Soll– und Ist–Meßpunkten als Minimierungskriterium herangezogen. Dadurch werden größere Abweichungen stärker berücksichtigt als kleinere.

Der Algorithmus zur Lösung der Minimierungsaufgabe sieht eine bestmögliche Anpassung ausgewählter oder sämtlicher Ist–Meßpunkte an Soll–Meßpunkte vor. Voraussetzung für den Algorithmus ist, daß ein lokales Bezugssystem für die Meßpunktaufnahme an den Karosserieteilen definiert wird, das mit dem im CAD–Datenmodell festgelegten Bezugssystem übereinstimmt (Vgl. Bild 22).

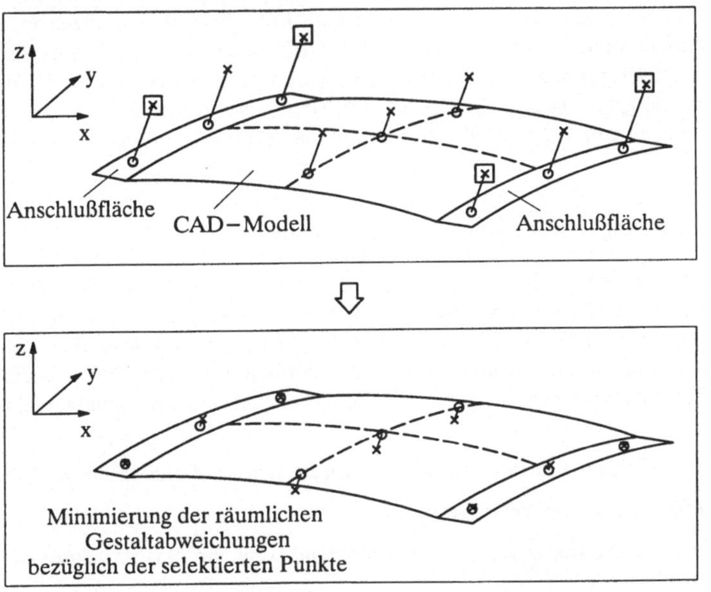

Bild 22: Minimierung von Gestaltabweichungen unter geometrischen Gesichtspunkten

Hierzu geht man von folgender Modellvorstellung aus:

– Gegeben sind N Soll–Meßpunkte y_i sowie N aus der Messung hervorgegangene Ist–Meßpunkte x_i, deren Zuordnung durch die Indizierung eindeutig vorgegeben ist. Soll– und Ist–Meßpunkte mit gleichen Indizes bilden also eine Einheit.

– Gesucht wird die längen– und winkelerhaltende Abbildung bestehend aus einer Rotation $\underline{R}$ und einer Translation $\underline{t}$, so daß der Abstand zwischen den Soll–Meßpunkten und dem Bild der Ist–Meßpunkte unter dieser Abbildung im Sinne der kleinsten Fehlerquadrate minimal wird.

Daraus wird folgende mathematische Formulierung abgeleitet:

Zu gegebenen Soll–Meßpunkten $\underline{y}_i \in IR^3$ und gegebenen Ist–Meßpunkten $\underline{x}_i \in IR^3$, $1 \leq i \leq N$, ist eine orthogonale Rotationsmatrix $\underline{R} \in IR^{3 \times 3}$ und ein Translationsvektor $\underline{t} \in IR^3$ gesucht, so daß folgende Bedingung erfüllt ist:

$$M(\underline{R}, \underline{t}) = \sum_{i=1}^{N} \left\| \underline{y}_i - \left(\underline{R}\underline{x}_i + \underline{t} \right) \right\|^2 = \text{minimal} \tag{1}$$

Die Lösung dieser Bedingung kann durch eine Orthogonalbasis beschrieben werden. Für die Beschreibung lassen sich ein Vektorprodukt, die Eulerschen Drehmatrizen oder die Eulersche Formel wählen (Vgl. Kap. 6.4.1.1). Die Orthogonalbasis entspricht einem nichtlinearen Ausgleichsproblem, das mit Hilfe des Iterationsverfahrens nach der Gauß–Newton–Methode gelöst wird (Vgl. Kap. 6.4.1.2). Hierfür werden Anfangswerte eingesetzt, welche durch eine orthogonale Transformation mit drei Punkten berechnet werden (Vgl. Kap. 6.4.1.3).

6.4.1.1 Lösungen der Minimierungsaufgabe

Die Aufstellung einer Orthonormalbasis $O^+(3)$ zur Lösung des Funktionals in Gleichung (1) wird nachfolgend beschrieben, wobei die Vorgehensweise aus /52/ entnommen ist. Eine Orthonormalbasis ist die Bezeichnung für eine Basis eines Vektorraumes, deren Elemente paarweise zueinander orthogonal sind und alle den Betrag 1 haben. Ein Koordinatensystem heißt orthogonal, wenn seine Koordinatenachsen paarweise zueinander rechtwinklig sind.

Die Beschreibung einer Orthonormalbasis kann alternativ auf drei Arten geschehen:

– Beschreibung über das Vektorprodukt:

Eine (3×3)–Matrix ist genau dann orthogonal, wenn ihre Spaltenvektoren eine Orthonormalbasis des IR^3 bilden.

Daraus ergibt sich mit $\underline{a}, \underline{b} \in IR^3$, $|\underline{a}| = |\underline{b}| = 1$ und $\underline{a}^T\underline{b} = 0$ das Rechtssystem

$$O^+(3) = \{(\underline{a}, \underline{b}, \underline{a} \times \underline{b})\}.$$

– Erzeugung durch Drehung:

Die Matrizen aus $O^+(3)$ werden durch Drehung um die Koordinatenachsen erzeugt. Für die Drehwinkel α, β, $\gamma \in IR$ definiert man

$$\underline{T}_1(\alpha) = \begin{bmatrix} 1 & 0 & 0 \\ 0 & \cos\alpha & -\sin\alpha \\ 0 & \sin\alpha & \cos\alpha \end{bmatrix},$$

$$\underline{T}_2(\beta) = \begin{bmatrix} \cos\beta & 0 & -\sin\beta \\ 0 & 1 & 0 \\ \sin\beta & 0 & \cos\beta \end{bmatrix} \text{ und}$$

$$\underline{T}_3(\gamma) = \begin{bmatrix} \cos\gamma & -\sin\gamma & 0 \\ \sin\gamma & \cos\gamma & 0 \\ 0 & 0 & 1 \end{bmatrix}.$$

Die Abbildung $\underline{x} \mapsto \underline{T}_1(a)\underline{x}$ beschreibt eine Drehung der Ist–Meßpunkte um die erste Koordinatenachse, $\underline{x} \mapsto \underline{T}_2(\beta)\underline{x}$ um die zweite und $\underline{x} \mapsto \underline{T}_3(\gamma)\underline{x}$ um die dritte.

Die Matrizen aus $O^+(3)$ sind genau die Matrizen der Form $\underline{T}_1(a)\underline{T}_2(\beta)\underline{T}_3(\gamma)$. Der Beweis wird in /52/ erläutert.

– Beschreibung über die Eulersche Formel:

Euler stellte eine Formel auf, die man heute als Parameterdarstellung des $O^+(3)$ bezeichnen würde.

Nach Euler definiert man für $\underline{p} \in IR^3$ und $\varsigma \in IR$, $(\underline{p},\varsigma) \neq 0$ eine (3×3)–Matrix $\underline{C}(\underline{p},\varsigma)$ durch

$$\underline{C}(\underline{p},\varsigma) = \frac{1}{\varsigma^2 + p_1^2 + p_2^2 + p_3^2} \begin{bmatrix} \varsigma^2 + p_1^2 - p_2^2 - p_3^2 & -2\varsigma p_3 + 2p_1 p_2 & 2\varsigma p_2 + 2p_1 p_3 \\ 2\varsigma p_3 + 2p_1 p_2 & \varsigma^2 - p_1^2 + p_2^2 - p_3^2 & -2\varsigma p_1 + 2p_2 p_3 \\ -2\varsigma p_2 + 2p_1 p_3 & 2\varsigma p_1 + 2p_2 p_3 & \varsigma^2 - p_1^2 - p_2^2 + p_3^2 \end{bmatrix}. \qquad (2)$$

Durch $\underline{C}(\underline{p},\varsigma)$ wird die Orthogonalbasis $O^+(3)$ abgebildet. Die Drehachse von $\underline{C}(\underline{p},\varsigma)$ im Falle $\underline{C}(\underline{p},\varsigma) \neq \underline{E}$ (Einheitsmatrix) ist $\mu\underline{p}$ und für den Drehwinkel ω gilt:

$$\cos\omega = \frac{\varsigma^2 - |\underline{p}|^2}{\varsigma^2 + |\underline{p}|^2} = \tfrac{1}{2}\left(Spur\underline{C}(\underline{p},\varsigma) - 1\right). \qquad (3)$$

Für $\underline{T} \in O^+(3)$, $\underline{T} \neq \underline{E}$ ist die Drehachse von $\underline{T}$ gleich dem Bild der Matrix

$$\underline{T} + \underline{T}^T - (Spur\underline{T} - 1)\underline{E}, \qquad (4)$$

d.h. diese Matrix bildet den IR^3 auf die Drehachse ab (Vgl. Beweis in /52/).

6.4.1.2 Das nichtlineare Ausgleichsproblem

In vektorieller Darstellung lautet das Minimierungsproblem (1) wie folgt:

Gesucht ist $\underline{R}, \underline{t}$, so daß $M(\underline{R},\underline{t}) = \underline{r}^T\underline{r} = \left\|\underline{y} - \underline{f}(\underline{R},\underline{t})\right\|^2 = $ minimal $\qquad (5)$

mit

$$\underline{r}_i = \begin{bmatrix} y_{i,1} - \underline{R}_1\underline{x}_i + t_1 \\ y_{i,2} - \underline{R}_2\underline{x}_i + t_2 \\ y_{i,3} - \underline{R}_3\underline{x}_i + t_3 \end{bmatrix} \in IR^3, \ 1 \leq i \leq N,$$

$$\underline{y}_i = \begin{bmatrix} y_{i,1} \\ y_{i,2} \\ y_{i,3} \end{bmatrix} \in IR^3,\ 1 \le i \le N \text{ und}$$

$$\underline{f}_i(\underline{R}, \underline{t}) = \begin{bmatrix} \underline{R}_1\underline{x}_i + t_1 \\ \underline{R}_2\underline{x}_i + t_2 \\ \underline{R}_3\underline{x}_i + t_3 \end{bmatrix} \in IR^3,\ 1 \le i \le N,$$

wobei $y_{i,j}$ die j–te Komponente des Vektors $\underline{y}_i$, $\underline{R}_j$ die j–te Zeile der Matrix $\underline{R}$ und die $\underline{R}_j\underline{x}_i$ Skalarprodukte bezeichnen.

$\underline{r}$, $\underline{y}$ und $\underline{f}(\underline{R}, \underline{t})$ sind allesamt Vektoren aus dem IR^{3N}.

Wegen ihrer Einfachheit und insbesondere weil keine trigonometrischen Funktionen vorkommen, wird zur Berechnung der orthogonalen Matrix $\underline{R}$ die Eulersche Formel herangezogen (Vgl. Kap. 6.4.1.1).

Das Minimierungsproblem (5) lautet also:

$$\text{Finde } \underline{q} = (p_1, p_2, p_3, t_1, t_2, t_3)^T \in IR^6, \text{ so daß } M(\underline{q}) = \left\| \underline{y} - \underline{f}(\underline{q}) \right\|^2 = \min. \qquad (6)$$

Die notwendige Bedingung für die Existenz eines Minimums des Funktionals $M(\underline{q})$ ist:

$$\frac{\partial M(\underline{q})}{\partial q_i} = 0.$$

Dies führt zu einem System von sechs nichtlinearen Gleichungen für die Unbekannten q_i. Da die Lösung von nichtlinearen Gleichungen mit einem hohen Aufwand verbunden ist, müssen die nichtlinearen Fehlergleichungen in Gleichung (6) zuerst linearisiert werden /53/.

Für den unbekannten Vektor $\underline{q}$ wird ein Näherungsvektor $\underline{q}^{(0)}$ vorgegeben. Verwendet man den Korrekturansatz

$$\underline{q} = \underline{q}^{(0)} + \Delta\underline{q}$$

und ersetzt die nichtlineare Funktion $\underline{f}(\underline{q})$ in Gleichung (6), dann ergibt sich die nachstehende Approximation

$$\underline{f}(\underline{q}) = \underline{f}(\underline{q}^{(0)} + \Delta\underline{q}) \approx \underline{f}(\underline{q}^{(0)}) + D\underline{f}(\underline{q}^{(0)})\Delta\underline{q}, \qquad (7)$$

wobei

$$D\underline{f}(\underline{q}^{(0)}) = \left[\frac{\partial \underline{f}_i(\underline{q}^{(0)})}{\partial q_j} \right]_{1 \le i \le N;\ 1 \le j \le 6}$$

als Jakobimatrix von f an der Stelle $q^{(0)}$ bezeichnet wird.

Die Lösung der Gleichung 6 wird mittels der Cholesky–Zerlegung sowie der Vorwärts– und Rückwärtssubstitution ermittelt /53/.

Die daraus resultierende Näherung $q = q^{(0)} + \Delta q$ kann nun mit dem oben beschriebenen Verfahren weiter verbessert werden. Dieses Iterationsverfahren wird als "Gauß–Newton–Methode" bezeichnet.

6.4.1.3 Anfangswerte des Minimierungsverfahrens

Wesentlich für die Konvergenz und Geschwindigkeit der Gauß–Newton–Methode ist die Wahl einer geeigneten Startiterierten $q^{(0)}$.

Es wird angenommen, daß es drei Soll–Meßpunkte y_0, y_1, y_2 und drei Ist–Meßpunkte x_0, x_1, x_2 gibt, dann kann eine Startrotation R_0 und eine Starttranslation t_0 berechnet werden. Diese Meßpunkte müssen folgende Eigenschaften aufweisen:

– Die drei Soll– und die drei Ist–Meßpunkte liegen nicht auf einer Geraden. Sie beschreiben also eine Ebene (linear unabhängig).

– Die Differenzenvektoren $a_1 = x_1 - x_0$ und $a_2 = x_2 - x_0$ der Ist–Meßpunkte sowie die Differenzenvektoren $b_1 = y_1 - y_0$ und $b_2 = y_2 - y_0$ der Soll–Meßpunkte beschreiben jeweils zwei Kanten des tatsächlichen Objektes.

– Durch $span(a_1, a_2)$ und $span(b_1, b_2)$ werden die Ist– und Soll–Ebenen des Objektes beschrieben, die am Ende der Berechnung aufeinander liegen sollen.

Ziel ist nun, eine Startrotation R_0 und eine Starttranslation t_0 anzugeben, die den Punkt x_0 auf y_0, die Kante a_1 auf die Kante b_1 und die Ebene $span(a_1, a_2)$ auf die Ebene $span(b_1, b_2)$ abbilden. Da es sich hierbei um eine längen– und winkelerhaltende Abbildung handelt, kann nicht von einer Deckungsgleichheit der Kanten und Ebenen ausgegangen werden. Dies bedeutet lediglich, daß unter der Abbildung das Bild der Kante a_1 auf der Kante b_1 sowie das Bild der Ist–Ebene auf der Soll–Ebene abgebildet wird.

Angenommen a_1, a_2 und b_1, b_2 seien jeweils zwei linear unabhängige Vektoren des IR^3, dann sind $(a_1, a_2, a_1 \times a_2)$ und $(b_1, b_2, b_1 \times b_2)$ jeweils Basen des IR^3. Mittels des Schmidtschen Orthonormalisierungsverfahrens werden nun aus diesen Basen Orthonormalbasen $(a_1', a_2', a_1' \times a_2')$ und $(b_1', b_2', b_1' \times b_2')$ von IR^3 konstruiert /54/.

Durch die Abbildung $x \mapsto R_0 x + t_0$ mit der orthogonalen Matrix

$$R_0 = \left(b_1', b_2', b_3', \right)\left(a_1', a_2', a_3', \right)^T$$

und dem Translationsvektor

$$t_0 = y_0 - R_0 x_0$$

wird der Punkt $\underline{x}_0$ auf $\underline{y}_0$, die Gerade $\underline{x}_0 + \delta\underline{a}_1$ auf die Gerade $\underline{y}_0 + \delta\underline{b}_1$ und die Fläche $\underline{x}_0 + \delta(\underline{a}_1 \times \underline{a}_2)$ auf die Fläche $\underline{y}_0 + \delta(\underline{b}_1 \times \underline{b}_2)$ abgebildet ($\delta \in IR$) /54/.

6.4.1.4 Ablauf zur Minimierung geometrischer Abweichungen

Der Algorithmus zur rechnerunterstützten Minimierung von Gestaltabweichungen ist in ein Software–Modul integriert. Folgender Ablauf wird zur Minimierung von Gestaltabweichungen unter geometrischen Gesichtspunkten vorgenommen:

– Graphische, interaktive Selektion von Ist–Meßpunkten:

   Der Anwender selektiert eine bestimmte Anzahl von Ist–Meßpunkten. Die Auswahl der Meßpunkte richtet sich nach den funktionstragenden Wirkflächen.

– Bestimmung des Startresiduums:

   Das Startresiduum wird aus der Summe der quadratischen Abstände der selektierten Ist–Meßpunkte von den dazugehörigen Soll–Meßpunkten berechnet. Diese Größe wird als Kriterium für den nachfolgenden Schritt betrachtet.

– Einpassung durch eine Translation und Rotation:

   Bestimmung einer Startiterierten von sechs Parametern durch die Berechnung einer orthogonalen Transformation von drei beliebigen Meßpunkten (Vgl. Kap. 6.4.1.3).

   Gauß–Newton–Iteration zur Bestimmung des Translationsvektors und der Rotationsmatrix als Lösung des nichtlinearen Ausgleichsproblems von sechs Unbekannten (Vgl. Kap. 6.4.1.2).

– Graphische Visualisierung der Ergebnisse:

   Das Resultat der Einpassung ist ein Translationsvektor und eine Rotationsmatrix. Diese Matrizen werden zur Berechnung der neuen Bildpunkte (Ist–Meßpunkte) verwendet. Letztere werden numerisch dokumentiert und graphisch visualisiert.

Anhand der graphischen Darstellungen können die Ergebnisse der rechnerunterstützten Einpassung beurteilt werden. Zudem werden die Ergebnisse numerisch dokumentiert.

6.4.2 Lösung zur Minimierung von Gestaltabweichungen unter verformungstechnischen Gesichtspunkten

Die in Kap. 6.4.1 beschriebene Lösung zur Minimierung von Gestaltabweichungen unter geometrischen Gesichtspunkten wird auch zur Beurteilung von Verformungen eines Produktes herangezogen.

Zusätzlich zur Gleichung (1) in Kap. 6.4.1 sollen Koordinatenachsen skaliert werden. Der Grund hierfür ist, daß Rückschlüsse auf mögliche Verformungen eines Produktes anhand der Meßergebnisse abgeleitet werden können (Vgl. Bild 23).

Neben $\underline{R}$ und $\underline{t}$ wird auch $\underline{S} = \mathrm{diag}(\lambda_1, \lambda_2, \lambda_3) \in IR^{3 \times 3}$ gesucht mit

$$M(\underline{S},\underline{R},\underline{t}) = \sum_{i=1}^{N} \left\| \underline{y}_i - \underline{S}(\underline{R}\underline{x}_i + \underline{t}) \right\|^2 = \text{minimal}. \tag{8}$$

Der Einfachheit halber werden die Lösungsschritte des nichtlinearen Ausgleichsproblems nicht aufgeführt. Die Behandlung des Problems der Gleichung (8) erfolgt analog zu Kapitel 6.4.1 mit dem einzigen Unterschied, daß drei zusätzliche Skalierungsfaktoren λ_i unbekannt sind. Diese Skalierungsfaktoren werden zusätzlich zu der Rotationsmatrix $\underline{R}$ und dem Translationsvektor $\underline{t}$ mit Hilfe der Gauß–Newton–Iteration bestimmt /53/.

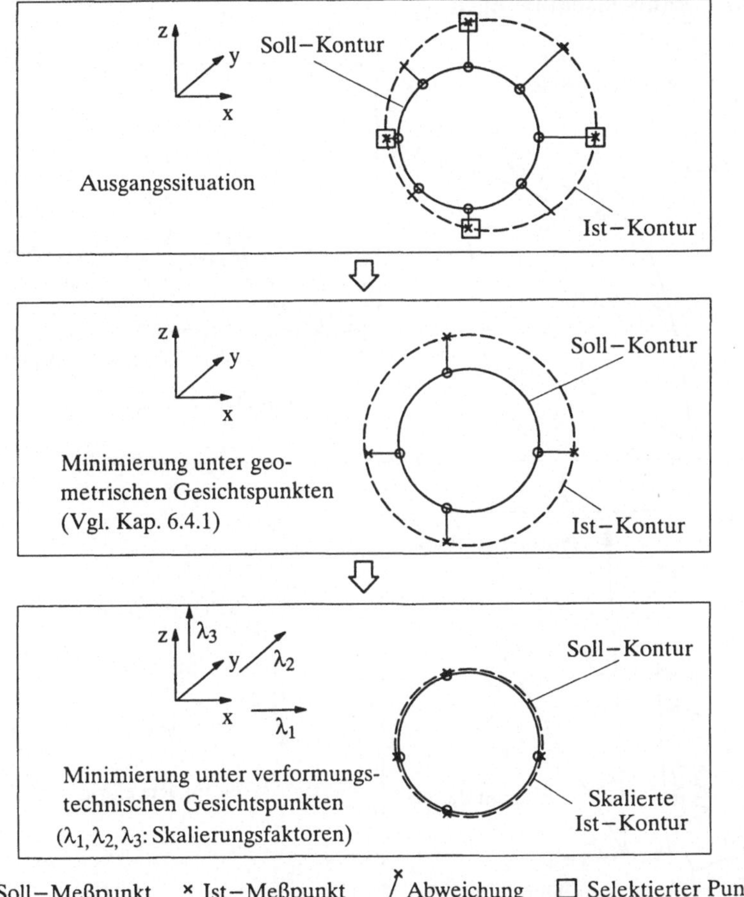

Bild 23: Minimierung von Gestaltabweichungen unter verformungstechnischen Gesichtspunkten

6.4.3 Lösung zur Minimierung von Gestaltabweichungen unter funktionalen Gesichtspunkten

Die in Tabelle 13 (Vgl. Kap. 5.2) aufgestellte Anforderung bezüglich Rahmenbedingungen ist nicht in die Lösungen unter geometrischen und verformungstechnischen Gesichtspunkten mit einbezogen (Vgl. Kap. 6.4.1 bzw. 6.4.2). Aus diesem Grund wird eine weitere Lösung zur Minimierung von Gestaltabweichungen unter funktionalen Gesichtspunkten hergeleitet, indem die im nachfolgenden Abschnitt näher erläuterten Rahmenbedingungen berücksichtigt werden.

6.4.3.1 Rahmenbedingungen

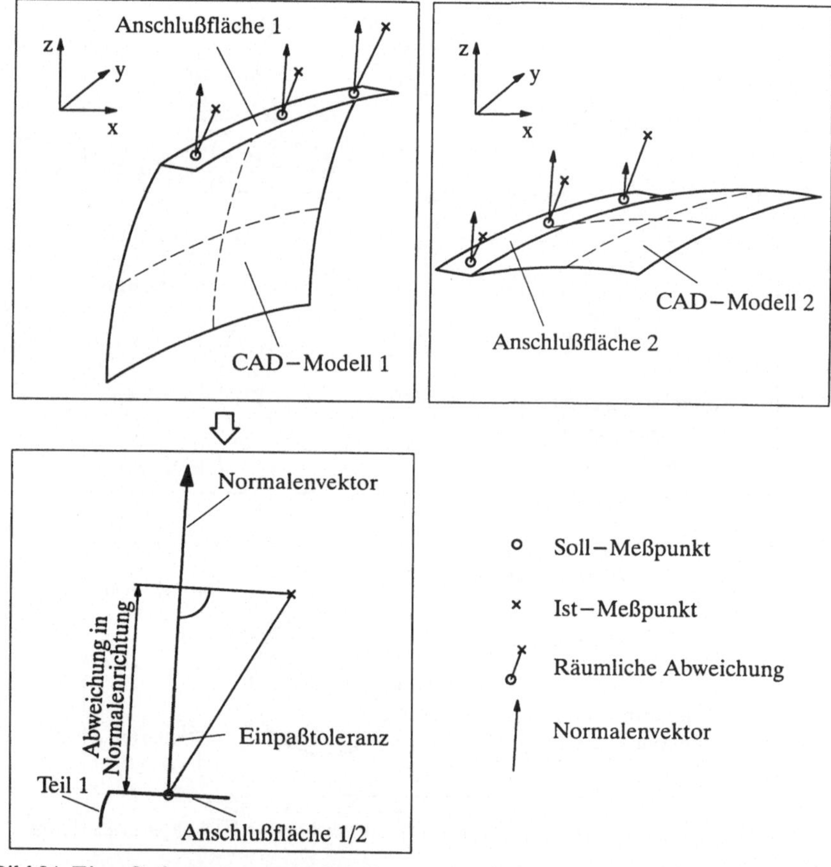

Bild 24: Einpaßtoleranzen von Meßpunkten auf Anschlußflächen unter Berücksichtigung von Rahmenbedingungen

Bei Karosserieteilen, die im Presswerk hergestellt und im Rohbau zusammengebaut werden, kommt es darauf an, daß die Qualitätsforderungen bezüglich Anschlußflächen bzw. Anlageflächen erfüllt werden. Dies bedeutet, daß Gestaltabweichungen in Normalenrichtung innerhalb der geforderten Toleranzen liegen müssen (Vgl. Bild 24).

Die Rahmenbedingungen für eine rechnerunterstützte Einpassung können durch charakteristische Meßpunkte bezüglich funktionstragender Wirkflächen vorgegeben werden. Die Anzahl und Auswahl der Meßpunkte hängt von der Funktionalität und Komplexität der Produkte ab. Die jeweils geeignete Vorgehensweise wird in einigen Anwendungsbeispielen erläutert (Vgl. Kap. 7.1). Für die ausgewählten Meßpunkte werden Einpaßtoleranzen festgelegt. Hierfür wird für jeden Punkt eine obere und untere Einpaßtoleranz in Richtung der Flächennormalen des entsprechenden Meßpunktes definiert (Vgl. Bild 24).

6.4.3.2 Lösung zur Minimierung funktionaler Abweichungen

Zu gegebenen Soll–Meßpunkten $\underline{y}_i \in IR^3$ und gegebenen Ist–Meßpunkten $\underline{x}_i \in IR^3$, $1 \leq i \leq N$, ist eine orthogonale Rotationsmatrix $\underline{R} \in IR^{3 \times 3}$ und ein Translationsvektor $\underline{t} \in IR^3$ gesucht, so daß folgende Bedingung erfüllt ist:

$$M(\underline{R}, \underline{t}) = \sum_{i=1}^{N} \| d_i \|^2 = \text{minimal} \qquad (9)$$

mit

$$d_i = \underbrace{\left[\underline{y}_i - \left(\underline{R}\underline{x}_i + \underline{t} \right) \right] \underline{n}_i}_{\text{Hessesche Normalform}} \qquad (10)$$

Charakteristisch für Punkte auf Freiformflächen ist der Abstand von Meßpunkten in Richtung der Normalen. Dieser Abstand wird mit Hilfe der Hesseschen Normalform nach der Gleichung (10) berechnet /54/.

Zusätzlich wird eine Bedingung aufgrund der Rahmenbedingungen definiert:

$$tol\_u_i \leq d_i \leq tol\_o_i, \quad 1 \leq i \leq N. \qquad (11)$$

Diese Bedingung bedeutet, daß einzupassende Ist–Meßpunkte innerhalb einer unteren und oberen Grenze in Richtung der Normalen liegen müssen. Damit wird indirekt die Gewichtung der Ist–Meßpunkte, die als Basis für die Einpassung vom Anwender festgelegt werden, gewählt. Mit der erläuterten Vorgehensweise werden die Anforderungen an die Rahmenbedingungen, wie z.B. der Übergang von benachbarten Bauteilen, an eine rechnerunterstützte Einpassung definiert.

Sind Kanten–, Beschnitt– oder Fixpunkte als Rahmenbedingungen der Einpassung zu berücksichtigen, dann können Gestaltabweichungen nicht nach der Hesseschen Normalform berechnet werden. Bei Kanten– bzw. Beschnittpunkten wird der kürzeste Abstand zwischen dem Kantenvektor und dem transformierten Ist–Meßpunkt berechnet (Vgl. Bilder 25 und 26). In Ausnahmefällen sind Fixpunkte beispielsweise als Kreismittel– oder Kugelmittelpunkte in die Betrachtung mit einzubeziehen.

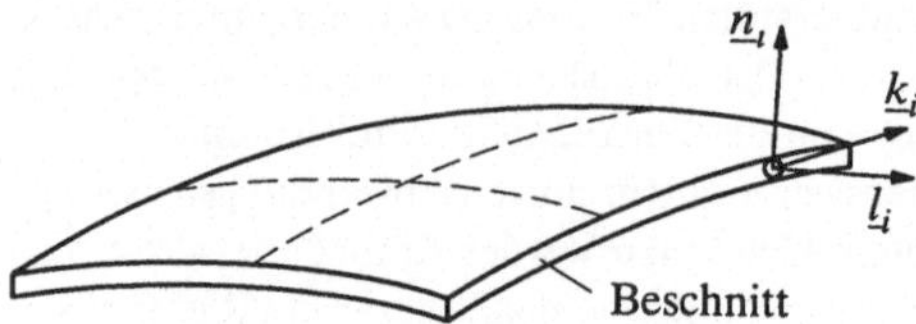

Bild 25: Punkt auf einer Beschnittfläche eines Karosserieteiles (Beschnittpunkt mit Vektoren)

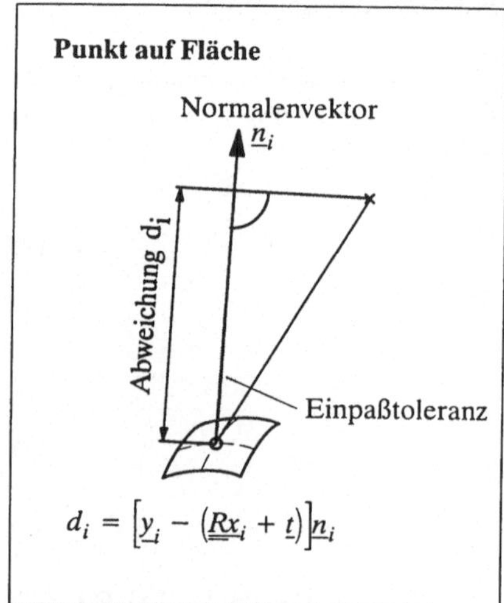

$$d_i = \left[\underline{y}_i - (\underline{\underline{R}}x_i + \underline{t})\right]\underline{n}_i$$

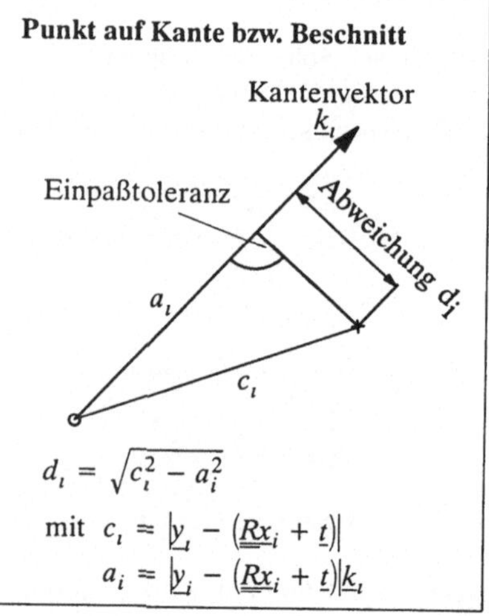

$$d_i = \sqrt{c_i^2 - a_i^2}$$
$$\text{mit } c_i = \left|\underline{y}_i - (\underline{\underline{R}}x_i + \underline{t})\right|$$
$$a_i = \left|\underline{y}_i - (\underline{\underline{R}}x_i + \underline{t})\right|\underline{k}_i$$

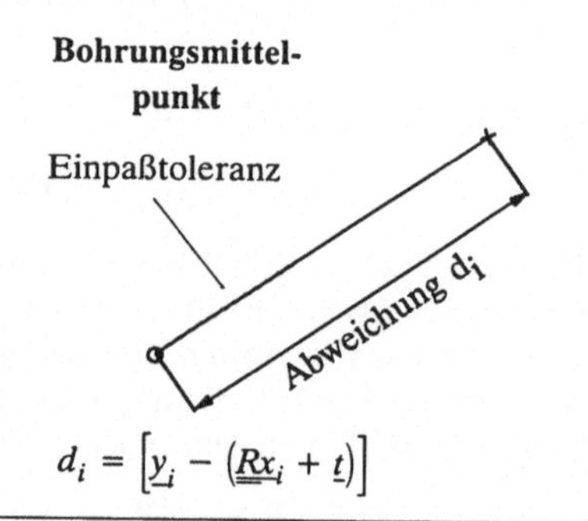

$$d_i = \left[\underline{y}_i - (\underline{\underline{R}}x_i + \underline{t})\right]$$

○ Soll–Meßpunkt

✕ Ist–Meßpunkt

Räumliche Abweichung

Bild 26: Berechnung von Gestaltabweichungen für Punkte auf einer Fläche, Kante, einem Beschnitt oder auf Bohrungen

6.4.3.3 Erläuterungen zum Algorithmus

Für die im vorhergehenden Abschnitt skizzierte Lösung zur Einpassung von Meßpunkten unter funktionalen Gesichtspunkten sind für das bessere Verständnis einige Erläuterungen notwendig, da die Ergebnisse der Koordinatenmeßtechnik gerade bei komplexen Einzelteilen oder Baugruppen nicht direkt in der hier gewünschten Art interpretierbar sind. In Abhängigkeit von Gestalt– und Lageabweichungen stimmen Soll– und Ist–Meßpunkte nicht überein, d.h. es werden x–, y– und z–Koordinaten erfaßt, die nicht mit den dazugehörigen Vorgaben übereinstimmen.

Hierfür sind folgende Ursachen verantwortlich:

– Ausrichtung von Einzelteilen oder Baugruppen:

Karosserieteile werden in der Regel bezüglich der Lage der Vorderachse ausgerichtet. Spezielle Aufnahmevorrichtungen für Koordinatenmeßgeräte unterstützen die Ausrichtung. Meßtechnische Fehler, die bei der Ausrichtung entstehen, wirken sich auf alle nachfolgenden Meßergebnisse aus.

– Lageänderungen funktionstragender Wirkflächen:

Funktionstragende Wirkflächen wie Anschlußflächen oder Ausschnitte der Karosserie weisen Abweichungen der Lage auf, die durch den Herstellungsprozeß bedingt sind. Dadurch werden Meßpunkte nicht an vorgegebenen Positionen (Soll–Meßpunkten) erfaßt.

– Formänderungen funktionstragender Wirkflächen:

Neben Lageabweichungen kommt es durch den Herstellungsprozeß zu Änderungen der Form. Dies führt – ebenfalls wie bei den oben beschriebenen Punkten – dazu, daß Ist–Meßpunkte nicht mit den vorgegebenen Soll–Meßpunkten übereinstimmen.

Die aufgeführten Ursachen können die Ergebnisse der Koordinatenmeßtechnik beeinflussen. Aus diesem Grund müssen die Ergebnisse entsprechend funktionstragender Wirkflächen analysiert werden.

Zur Veranschaulichung der beschriebenen Sachverhalte ist die Ausgangssituation einer lagebedingten Abweichung in Bild 27 überhöht dargestellt. Auf der geometrischen Oberfläche befinden sich zwei Meßpunkte, die in achsparalleler Richtung angetastet werden. Eine Minimierung der räumlichen Abstände zwischen Soll– und Ist–Meßpunkten würde nicht zur bestmöglichen Anpassung der Istoberfläche an die geometrische Oberfläche führen. Aus diesem Grund wird die nachfolgend beschriebene Einpaßstrategie gewählt.

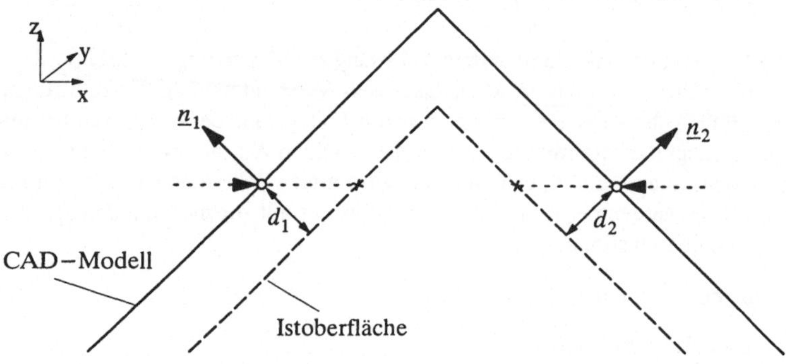

○ Diskreter Soll–Meßpunkt $\underline{n}_i$ Normalenvektor des i–ten Punktes

× Diskreter Ist–Meßpunkt d_ι Abstand in Normalenrichtung

--► Antastrichtung

Bild 27: Kontur mit zwei Soll– und Ist–Meßpunkten

Als Kriterium der Einpassung sei die Summe der quadratischen Abstände in Normalenrichtung von d_1 und d_2 zwischen den Soll– und Ist–Meßpunkten festgelegt. Größere Abweichungen werden dadurch stärker berücksichtigt als kleinere. Die Berechnung der Abweichung in Normalenrichtung d zeigt Bild 28.

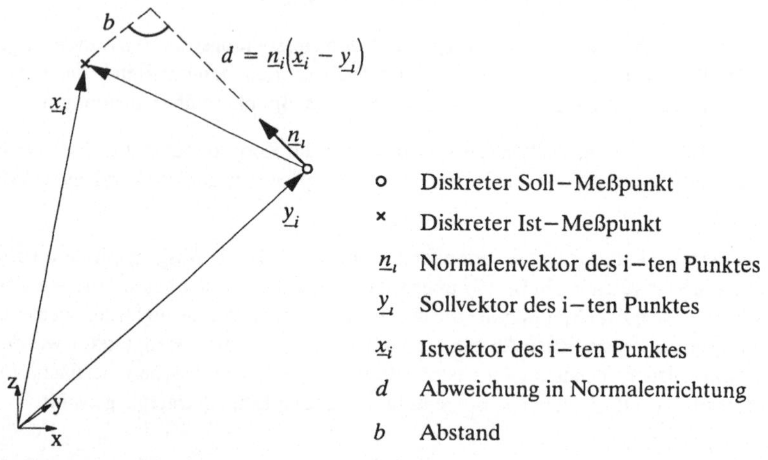

○ Diskreter Soll–Meßpunkt

× Diskreter Ist–Meßpunkt

$\underline{n}_\iota$ Normalenvektor des i–ten Punktes

$\underline{y}_\iota$ Sollvektor des i–ten Punktes

$\underline{x}_i$ Istvektor des i–ten Punktes

d Abweichung in Normalenrichtung

b Abstand

Bild 28: Berechnung des Abstandes in Normalenrichtung

Zusätzlich zur Abweichung in Normalenrichtung d wird der Abstand b berechnet. Dieser Abstand darf während der Iteration die voreingestellte Grenze r nicht überschreiten (Vgl. Bild 29). Diese Einschränkung wurde gemacht, um zu verhindern, daß Ist–Meßpunkte nicht beliebig von den Soll–Meßpunkten abdriften. Für *r* wurde ein empirischer Wert von 2 mm eingestellt. Dies bedeutet, daß Ist–Meßpunkte durch die Transformation innerhalb einer Kreisfläche (Radius r=2 mm) liegen.

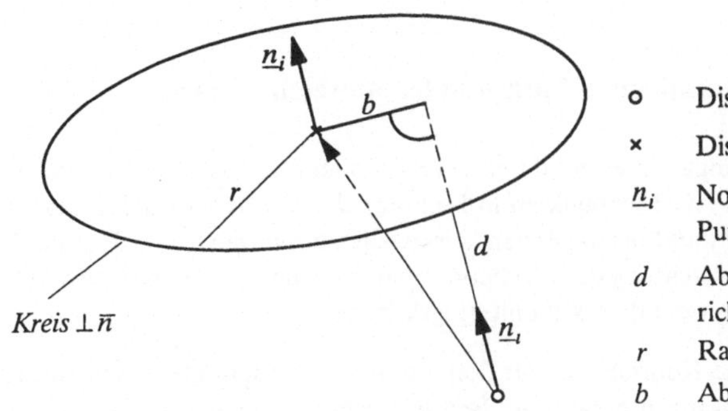

Bild 29: Einschränkung der Iteration

Abschließend wird zur Erläuterung des Iterationsverfahrens ein möglicher Iterationsschritt für die Einpassung von zwei Ist–Meßpunkten an die dazugehörigen Soll–Meßpunkte in Bild 30 graphisch dargestellt. Dazu wird die Istoberfläche mit den dazugehörigen Ist–Meßpunkten in vertikaler Richtung verschoben. Die Abstände in Normalenrichtung sind graphisch markiert (d'_1, d'_2).

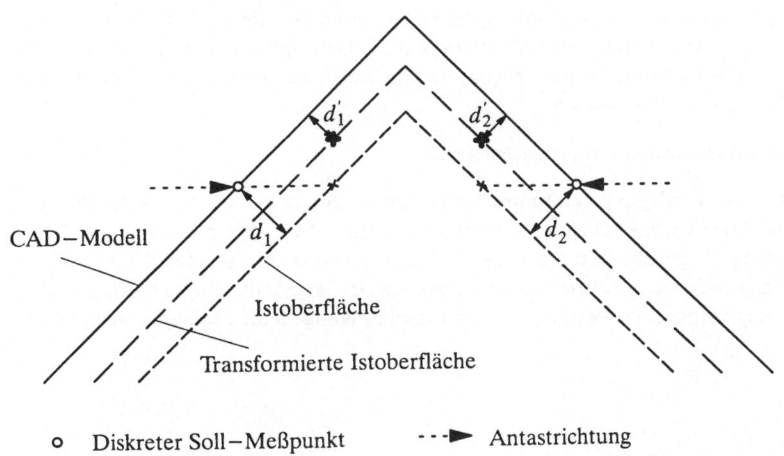

Bild 30: Möglicher Iterationsschritt der Einpassung

Anhand dieser Einpaßstrategie wird mit Hilfe der Ist–Meßpunkte die Istoberfläche bestmöglich an die geometrische Oberfläche angepaßt. Dadurch kann die Funktion, die durch die Istoberfläche beeinflußt wird, beurteilt werden. Voraussetzung für diese Beurteilung ist die Bestimmung signifikanter Meßpunkte, die zu funktionstragenden Wirkflächen gehören.

6.4.3.4 Ablauf zur Minimierung funktionaler Abweichungen

Die funktionsorientierte Einpassung wird durch ein Kriterium bestimmt, das sich auf Abstände zwischen Soll– und Ist–Meßpunkten in Richtung der Flächennormalen bezieht. Hierfür werden Punkte auf funktionstragenden Wirkflächen ausgewählt. Die Summe der quadratischen Abstände in Richtung der Flächennormalen bezüglich der vom Anwender ausgewählten Punkten entspricht dem Minimierungskriterium.

Für die Einpassung sind die Koordinaten der Soll– und Ist–Meßpunkte, dazugehörige Flächennormalen und Toleranzen notwendig. Bei der rechnerunterstützten Einpassung wird folgendermaßen vorgegangen:

– Selektion von Meßpunkten:

Eine beliebige Anzahl gemessener Punkte wird interaktiv selektiert. Die Auswahl richtet sich nach funktionstragenden Wirkflächen.

– Festlegung von Einpaßtoleranzen:

Unter Berücksichtigung der Rahmenbedingungen werden vom Anwender Einpaßtoleranzen für die vorher selektierten Punkte festgelegt. Dazu wird eine untere und eine obere Einpaßtoleranz in Richtung der Flächennormalen für jeden Meßpunkt vorgegeben. Als Voreinstellung wird die Toleranz aus dem Prüfplan übernommen. Für spezielle Einpassungen kann z.B. aus fertigungstechnischen Gründen eine Änderung der Voreinstellung notwendig werden.

– Auswahl von Minimierungsparametern:

Neben der Festlegung von Einpaßtoleranzen zur Berücksichtigung von Rahmenbedingungen werden zusätzlich sechs Parameter entsprechend der Translation und Rotation im Raum vorgegeben. In der Regel wird die Einpassung entsprechend allen sechs Freiheitsgraden durchgeführt; es können aber auch Rahmenbedingungen bezüglich der Einpassung vorgegeben werden, die eine Einschränkung an die Freiheitsgrade erfordern.

6.5 Modell zur Minimierung von Streuungen in der Serienfertigung

Mit Hilfe der statistischen Versuchsplanung werden Haupteinflußgrößen von Streuungen ermittelt. Weiterhin läßt sich die Wirkung von Haupteinflußgrößen auf Zielgrößen quantitativ nachweisen. Hierfür ist ein strukturierter und systematischer Ablauf notwendig, um die Anforderungen der Formsicherung an die Minimierung von Streuungen bei Serienteilen zu erfüllen (Vgl. Kap. 6.5.1).

6.5.1 Ablauf zur Streuungsminimierung

Der Ablauf auf Basis der statistischen Versuchsplanung sieht vier Schritte vor, die in den nachfolgenden Abschnitten detaillierter beschrieben werden (Vgl. Bild 31):

– Definition:

In dieser ersten Phase erfolgt die Beschreibung der Aufgaben und Ziele, die mit Hilfe der statistischen Versuchsplanung erreicht werden sollen. Dazu müssen die zur Verfügung stehenden Informationen ausgewertet werden. Weiterhin ist das zu betrachtende Produkt bzw. der zu betrachtende Prozeß zu definieren. Abschließend wird ein sachbezogenes Team zusammengestellt, das die nachfolgende Analysephase bearbeitet.

– Analyse:

In der Analysephase werden mögliche Einflußgrößen bewertet und meßbare Zielgrößen untersucht. Diese Aufgaben werden durch das in der Definitionsphase zusammengestellte Team bearbeitet. Zunächst wird aber der Problembereich durch das Wissen der Experten eingegrenzt. Danach erfolgt eine weitere Analyse und Bewertung möglicher Einflußgrößen. Abschließend sind meßbare Zielgrößen festzulegen, mit denen die Haupteinflußgrößen bezüglich Streuungen nachgewiesen werden.

– Variation:

In Abhängigkeit der Ergebnisse aus der Analysephase muß in dieser Phase eine Versuchsmethode ausgewählt werden. Hierzu werden Versuchspläne mit detaillierten Angaben zur Versuchsdurchführung zusammengestellt. Während der Versuchsdurchführung werden die Versuchsparameter entsprechend den Versuchsplänen variiert. In einem Bestätigungsversuch müssen die optimalen Einstellungen nachgewiesen werden.

– Synthese:

Aus den Ergebnissen der vorangegangenen Phasen wird eine Empfehlung abgeleitet und dessen Umsetzung terminlich fixiert. Eine Kontrolle der umgesetzten Maßnahmen beendet in der Regel den Ablauf zur Minimierung der Streuungen auf Basis der statistischen Versuchsplanung. Kann kein Erfolg verbucht werden, ist über eine Wiederholung nach dem beschriebenen Ablauf zu entscheiden.

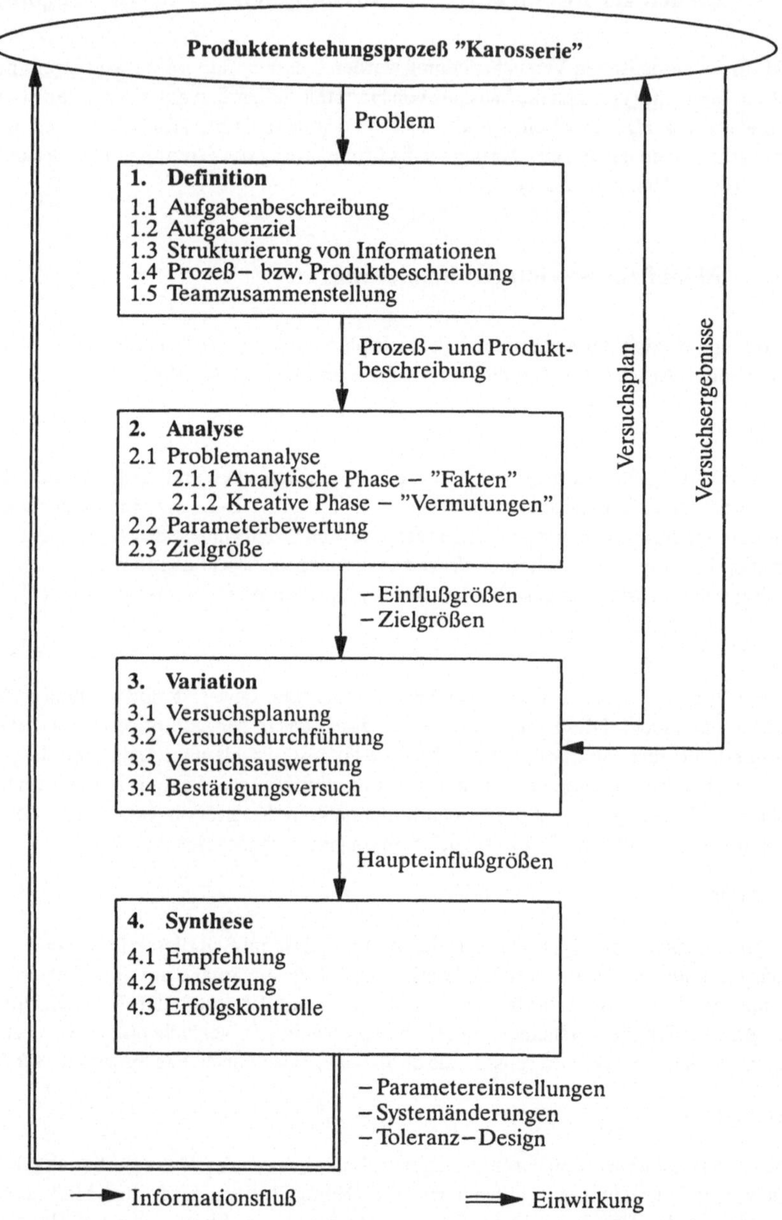

Bild 31: Phasen des Ablaufs zur Minimierung von Streuungen auf Basis der statistischen Versuchsplanung /55/

Anhand der Auswertungen aus der Synthesephase müssen die Wirkungen zwischen den Haupteinflußgrößen von Streuungen und den in der Problemanalyse definierten meßbaren Zielgrößen ersichtlich sein. Aus diesen Zusammenhängen lassen sich konstruktive oder fertigungstechnische Maßnahmen ableiten.

Der beschriebene Ablauf wird im folgenden auf die Formsicherung übertragen. Hierzu wird die Funktion der Form als Zielgröße definiert und die Haupteinflußgrößen auf diese Zielgröße hin untersucht.

6.5.2 Phase der Problemdefinition

Am Anfang des Ablaufs der Versuchsmethodik wird nach TAGUCHI mit der Problembeschreibung begonnen (Vgl. Kap. 4.2.2, Tab. 2). NEDESS und HOLST führen dabei die Problemdefinition und Aufgabenstellung an (Vgl. Kap. 4.2.2, Tab. 3). QUENTIN weist nur auf die Auswahl der wichtigsten Einflußgrößen hin (Vgl. Kap. 4.2.3, Tab. 4). Für die Bearbeitung dieser Aufgaben werden aber keine detaillierten Abläufe beschrieben. Aus diesem Grund wird hier in der Phase der Problemdefinition mit der Aufgabenbeschreibung begonnen, welche um das Aufgabenziel ergänzt wird. In Abhängigkeit der Aufgabenbeschreibung und des Aufgabenziels werden vorhandene Informationen analysiert und strukturiert. Weiterhin werden Produkte bzw. Prozesse, die im Zusammenhang mit der Minimierung von Streuungen stehen, z.B. mit Hilfe des Funktionsblockdiagrammes beschrieben. Abschließend muß in der Definitionsphase ein interdisziplinäres Team zur Bearbeitung der Analysephase zusammengestellt werden (Vgl. Kap. 6.5.3).

Die Definitionsphase gliedert sich in folgende Abschnitte (Vgl. Bild 31 und 32):

– Aufgabenbeschreibung:

  Hier wird die Minimierungsaufgabe hinsichtlich Aufgabeninhalt, Systemgrenzen und Systemumgebung beschrieben.

– Aufgabenziel:

  Das Ziel, das mit Hilfe der statistischen Versuchsplanung verfolgt wird, wird festgelegt. Voraussetzung ist, daß dieses Ziel realistisch und somit auch erreichbar ist.

– Strukturierung von Informationen:

  Folgende Unterlagen werden ausgewertet, um vorhandene Informationen entsprechend der Minimierung zu strukturieren und zu nutzen:
  – Zeichnungen,
  – Lastenhefte,
  – Qualitätsvorschriften,
  – Versuchsberichte,
  – Felddaten,
  – FMEA,
  – Prozeßvorschriften,

- Prozeß–/Montageabläufe,
- Prüfpläne,
- Prozeßdaten,
- Einkauf–/ Lieferbedingungen,
- Sicherheitsvorschriften und
- Gesetzesauflagen.

- Prozeß– bzw. Produktbeschreibung:

Im Rahmen der Minimierung müssen Produktionsprozesse bzw. Produkte detailliert beschrieben werden. Folgende Hilfsmittel können hierzu eingesetzt werden, welche sich gerade für die Darstellung komplexer Zusammenhänge eignen:
- Funktionsanalyse,
- Funktionsblockdiagramm,
- Zeichnungen,
- Skizzen,
- Prozeßablaufplan,
- Black–Box–Darstellung oder
- Flußdiagramm.

- Teamzusammenstellung:

Ein sachbezogenes Team mit einem Projektleiter wird zusammengestellt, um die Aufgaben der Analysephase (Vgl. Kap. 6.5.3) zu bearbeiten.

Die oben beschriebenen Schritte in der Definitionsphase beinhalten Informationen, die zur Ableitung von Einfluß– und Zielgrößen genutzt werden. Der Unterschied zum Stand der Technik ist in der detaillierten Vorgehensweise zur Informationsgewinnung zu sehen (Vgl. Kap. 4.2.2 – 4.2.5). Dieser Sachverhalt trifft auch auf den sich anschließenden Abschnitt zu.

6.5.3 Phase der Analyse

Im Anschluß an die Bearbeitung des Problemumfeldes wird entsprechend dem Stand der Technik die Systemanalyse durchgeführt (Vgl. Kap. 4.2.2, Tab. 2 und Tab. 3). Danach werden Parameter der Versuchsplanung festgelegt, wofür NEDESS und HOLST zuerst die Festlegung von Zielgrößen erwähnen und dann die Parameterbewertung sowie die Analyse möglicher Wechselwirkungen angeben.

In der vorliegenden Arbeit werden die Informationen, die in der Definitionsphase (Vgl. Kap. 6.5.2) gewonnen werden, von Experten analysiert. Aus diesem Grund wird die Analysephase festgelegt, während die Bearbeitung der vorhergehenden Definitionsphase unabhängig von diesem Team erfolgt.

In der Analysephase werden Einflußgrößen auf Basis der Informationen aus der Definitionsphase und des Expertenwissens zusammengestellt und gewichtet. Weiterhin werden meßbare Zielgrößen definiert, mit denen der Nutzen der Minimierung nachgewiesen werden kann. Die gewichteten Einflußgrößen sowie meßbaren Zielgrößen fließen in die Versuchspläne ein, die in der sich anschließenden Variationsphase erstellt werden (Vgl. Kap. 6.5.4). Dazu müssen folgende Schritte in der Analysephase bearbeitet werden (Vgl. Bild 31 und 32):

– Problemanalyse:

Im ersten Abschnitt der Problemanalyse – "Analytische Phase–Fakten" – muß das Problem eingegrenzt werden. Hierzu hat sich die Methode "IST / IST–NICHT" bewährt /56/. Beispielsweise beeinträchtigt ein Problem die Fertigungslinie 1, aber nicht die Fertigungslinie 2 mit dem gleichen Produkt. Diese Zusammenhänge können mit "was", "wann", "wo" und "wieviel" hinterfragt werden. Weiterhin sind die Historie des Problems, Änderungen und bereits durchgeführte Untersuchungen und deren Ergebnisse zu dokumentieren. Im zweiten Abschnitt "Kreative Phase–Vermutungen" kommt es zur Untersuchung möglicher Ursachen des betrachteten Problems in bezug auf Streuungen. Folgende Hilfsmittel werden eingesetzt:
– Brainstorming,
– Ursache–Wirkungs–Diagramm (= Fischgrätendiagramm),
– mind map oder
– Relevanzbaum.

Ergebnis der Problemanalyse ist eine Auflistung möglicher Einflußgrößen. Vorteil dieser Vorgehensweise – im Gegensatz zu Standardlösungen – ist, daß sämtliche Einflußgrößen in Betracht gezogen und in der sich anschließenden Parameterbewertung gewichtet werden. In Abhängigkeit dieser Ergebnisse werden dann Zielgrößen festgelegt.

– Parameterbewertung:

Hier erfolgt eine Gewichtung von regelbaren oder zumindest beeinflußbaren Steuerfaktoren einschließlich kaum oder nicht beeinflußbarer Störfaktoren sowie von vermuteten Wechselwirkungen. Für die Gewichtung stehen folgende Hilfsmittel zur Verfügung:
– Paretoanalyse (auch ABC–Analyse bzw. Lorenz–Verteilung genannt),
– Nutzwertanalyse oder
– Risikoanalyse.

Weiterhin ist der Wertebereich der Parameter (Ausgangsstufen) festzulegen, die in den Versuchen berücksichtigt werden. Aus den vorgegebenen Ausgangsstufen wird in der Variationsphase (Vgl. Kap. 6.5.4) die optimale Stufe in Abhängigkeit der meßbaren Zielgröße(n) abgeleitet.

– Festlegung meßbarer Zielgrößen:

Der Nutzen der Minimierung wird quantifizierbar, wenn eine oder mehrere meßbare Zielgrößen definiert werden. Diese Zielgrößen werden während der Versuchsdurchführung entsprechend den Vorgaben des Versuchsplanes gemessen und ausgewertet. Die Meßmethode sowie Meßtoleranzen zur Erfassung von Zielgrößen müssen dabei berücksichtigt werden.

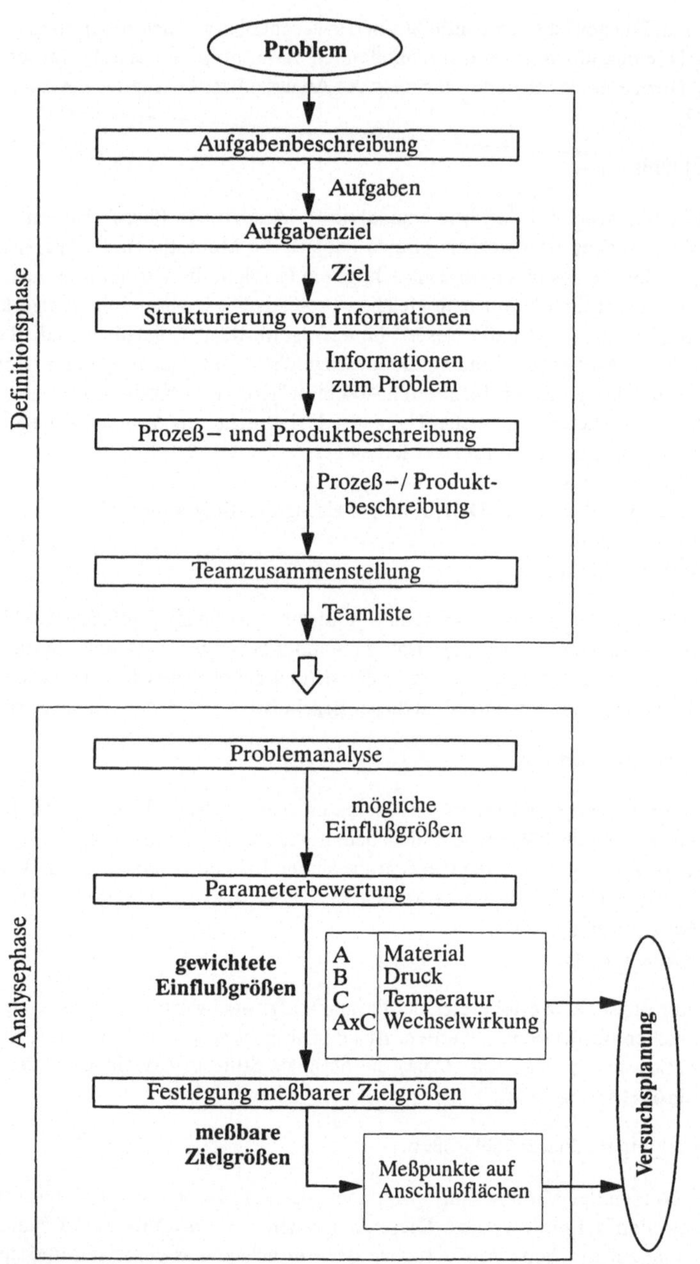

Bild 32: Ablauf der Definitions– und Analysephase zur Bestimmung möglicher Einfluß–
und meßbarer Zielgrößen

6.5.4 Phase der Variation

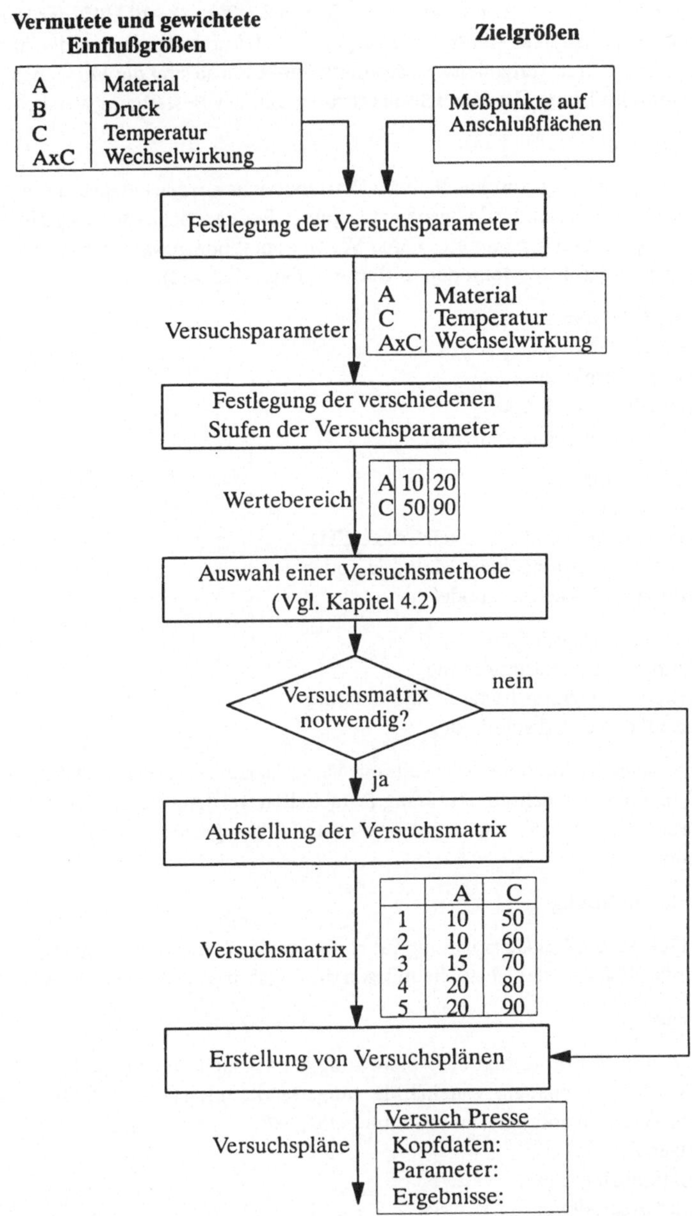

Bild 33: Ablauf der Versuchsplanung

Nachdem im Abschnitt 6.5.3 in der Analysephase die Versuchsparameter und meßbaren Zielgrößen bestimmt wurden, müssen hierfür Versuchspläne und –methoden ausgewählt werden (Vgl. Kap. 4.2.2, Tab. 2 und Tab. 3 sowie Kap. 4.2.3, Tab. 4). Mit Hilfe der Versuchspläne werden Versuchsdaten ermittelt und ausgewertet. Diese Aufgaben werden in der Variationsphase bearbeitet. Aufgabenschwerpunkte dieser Phase sind die Versuchsplanung, die Versuchsdurchführung, die Versuchsauswertung und der Bestätigungsversuch:

– Versuchsplanung (Vgl. Bild 33):

Die Versuchsparameter einschließlich des Wertebereichs werden entsprechend den vermuteten und gewichteten Einflußgrößen festgelegt. Daran anschließend wird in Abhängigkeit von den Versuchsparametern eine Versuchsmethode gewählt. Hierfür kommen nachfolgend aufgeführte Methoden in Betracht (Vgl. Kap. 4.2):

Bei 20 bis 1000 Parameter:
– Multi–Vari–Bild,
– Paarweiser Vergleich,
– Komponententausch oder
– Evolutionäre Versuchsmethode.

bei 5 bis 20 Parameter:
– Variablenvergleich,
– Orthogonale Anordnungen nach TAGUCHI,
– Schrittweise deterministische Methoden oder
– Evolutionäre Versuchsmethode.

bei 4 oder weniger Parameter:
– Vollständige Versuchsanordnung,
– Schrittweise deterministische Methoden oder
– Evolutionäre Versuchsmethode.

Für die ausgewählte Methode ist jeweils ein Versuchsplan zusammenzustellen. Zusätzlich muß in einer Versuchsbeschreibung festgehalten werden, was zu Beginn der Versuche vorbereitet und während der Versuchsdurchführung beachtet und dokumentiert werden muß.

– Versuchsdurchführung:

Im Anschluß an die Versuchsplanung führt man anhand des Versuchsplanes die Versuche durch. Während der Versuche müssen die Ergebnisse dokumentiert werden.

– Versuchsauswertung:

In einem dritten Schritt erfolgt die Auswertung der Versuchsergebnisse. Folgende Methoden werden unabhängig voneinander angewandt, um Haupteinflußgrößen einschließlich Wechselwirkungen zu bestimmen /57, 58/:
– Varianzanalyse,
– Korrelationsdiagramm,
– Faktoranalyse oder
– Wechselwirkungsdiagramm.

Zur rechnergestützten Auswertung können Standardprodukte herangezogen werden /51/. In einer Machbarkeitsstudie stellten sich zwei Auswertesysteme heraus, die sich für den industriellen Einsatz eignen. Hierbei handelt es sich um das IBM–Produkt "SAS/QC" und das BBN–Produkt "RS/1/Discover/Explore". Beide Systeme können mit einer eigenen Programmiersprache erweitert werden.

Gegebenenfalls ist aufgrund der Auswertungen eine Wiederholung von vorhergehenden Schritten im Ablauf zur Minimierung von Streuungen notwendig (Vgl. Kap. 6.5.5, Bild 34).

Anhand der Ergebnisse der Versuchsauswertung müssen die Zusammenhänge zwischen Haupteinfluß– und Zielgrößen ersichtlich werden, um daraus optimale Einstellungen am Prozeß ableiten zu können.

– Bestätigungsversuch:

In einem Bestätigungsversuch ist die theoretisch abgeleitete optimale Versuchseinstellung nachzuweisen, mit der tatsächlich ein besseres Ergebnis erzielt wird.

Die Ergebnisse aus der Analyse– und Definitionsphase, in der Einfluß– und Zielgrößen detailliert bestimmt werden, können direkt in den oben beschriebenen Schritten genutzt werden. Der Vorteil liegt in der effektiven Bestimmung von Haupteinflußgrößen, anhand derer im nachfolgenden Abschnitt Maßnahmen zur Minimierung von Streuungen abgeleitet und ergriffen werden. Mit dieser detaillierten Vorgehensweise werden Defizite der Standardlösungen behoben (Vgl. Kap. 4.2).

6.5.5 Phase der Synthese

In der vorhergehenden Variationsphase in Abschnitt 6.5.4 wurden Haupteinflußgrößen und deren Wirkungen auf Zielgrößen auf der Basis von Versuchen ermittelt. Anhand dieser Ergebnisse wird die letzte Phase durchgeführt. Hier gilt es, eine Empfehlung aus den vorhergehenden drei Phasen abzuleiten, deren Umsetzung durchzuführen und sie in einer Erfolgskontrolle nachzuweisen:

– Empfehlung:

Aus den Erkenntnissen der vorhergehenden drei Phasen zur Minimierung von Streuungen ist eine Empfehlung auszuarbeiten.

– Umsetzung:

Es wird ein Verantwortlicher ernannt, der mit der Umsetzung der Empfehlung beauftragt wird. Er hat sich dabei an terminliche Absprachen zu halten.

– Erfolgskontrolle:

Der Erfolg der umgesetzten Empfehlung muß abschließend nachgewiesen werden. Hierfür sind Auswirkungen der Umsetzung auf das Aufgabenziel zu analysieren.

Gesetzt den Fall, daß das Aufgabenziel nicht erreicht wird, muß über eine Wiederholung von Schritten in dem beschriebenen Ablauf entschieden werden (Vgl. Bild 34).

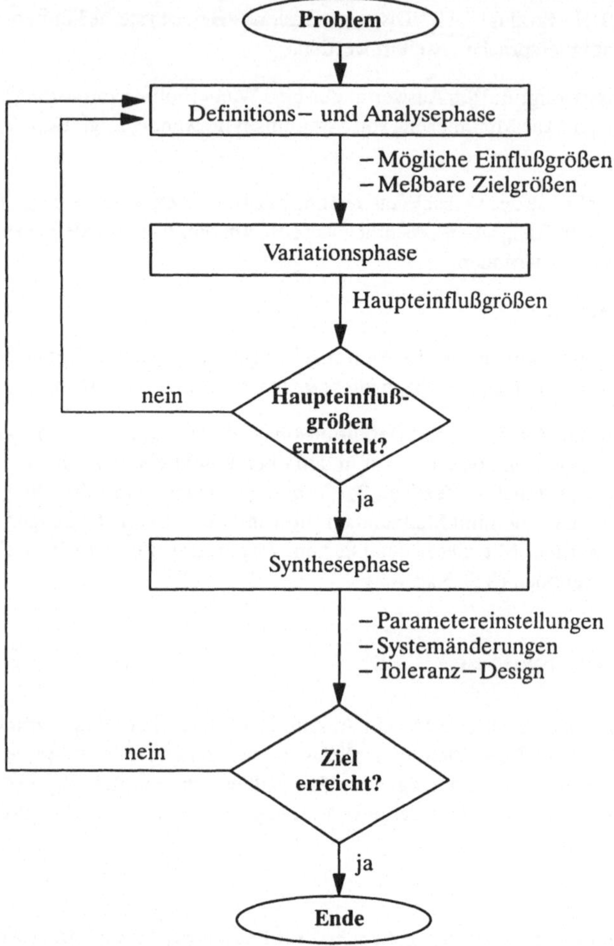

Bild 34: Iterationsschleifen im schematisch dargestellten Ablauf zur Minimierung von Streuungen auf Basis der Versuchsplanung

7 Bewertung der Erkenntnisse

Die praktische Anwendung des in Kapitel 6 entwickelten Modells wird im folgenden an unterschiedlichen Beispielen erläutert und bewertet. Hierfür wird die rechnerunterstützte Minimierung von Gestaltabweichungen an Einzelteilen und Baugruppen der Karosserie mit Hilfe der entwickelten Algorithmen herangezogen (Vgl. Kap. 7.1). Weiterhin werden die Ergebnisse anhand des entwickelten Ablaufs auf Basis der statistischen Versuchsplanung zur Minimierung von Streuungen an zwei Fallbeispielen aus dem Rohbau und der Türinnenverkleidung dargestellt (Vgl. Kap. 7.2).

Abschließend werden die in Kapitel 5 aufgestellten Anforderungen in Abhängigkeit der Ergebnisse bewertet (Vgl. Kap. 7.3).

7.1 Anwendung der Algorithmen zur Minimierung von Gestaltabweichungen

Die mit Hilfe der Koordinatenmeßtechnik ermittelten Meßergebnisse können individuell mit Hilfe rechnerunterstützter Algorithmen ausgewertet werden. Hierfür werden unter Beachtung diverser Rahmenbedingungen Aussagen hinsichtlich der Minimierung von Gestaltabweichungen hergeleitet. Die Aussagen beziehen sich auf

– geometrische,
– verformungstechnische und
– funktionale

Gesichtspunkte der Formsicherung. Die Verantwortlichen der Qualitätslenkung werden durch entsprechende Rechenprogramme in ihrer Tätigkeit unterstützt, um Korrektur– bzw. Verbesserungsmaßnahmen im Entwicklungs–, Planungs– oder Fertigungsprozeß ableiten zu können. Diese Programme zur Einpassung unter geometrischen, verformungstechnischen und funktionalen Gesichtspunkten sind in der Programmiersprache Microsoft C/C++ auf dem PC unter dem Betriebssystem MS–DOS realisiert.

Die einmal ermittelten Meßergebnisse können hinsichtlich unterschiedlicher Anforderungen ausgewertet werden. In diesem Fall war es früher notwendig, Meßdaten erneut zu erfassen. Dieser Aufwand kann heute durch die Anwendung der Algorithmen vermieden werden.

In den nachfolgenden Abschnitten werden unterschiedliche Anwendungen der realisierten Algorithmen erläutert und bewertet.

7.1.1 Darstellung der funktionsorientierten Einpassung am Beispiel eines Quaders

Am Beispiel eines Quaders mit theoretischen, funktionstragenden Wirkflächen soll die Wirkungsweise des entwickelten Algorithmus gezeigt werden. In Bild 35 ist ein Quader mit sechs Seitenflächen sowie acht Dreiecksflächen an den Ecken dargestellt. Auf sämtlichen Flächen wurde ein Soll–Meßpunkt festgelegt. Die dargestellten Strahlen mit numerischen Werten beziehen sich auf Gestaltabweichungen der Ist–Meßpunkte von den Soll–Meßpunkten in Normalenrichtung. Die numerischen Werte entsprechen 1/100 mm.

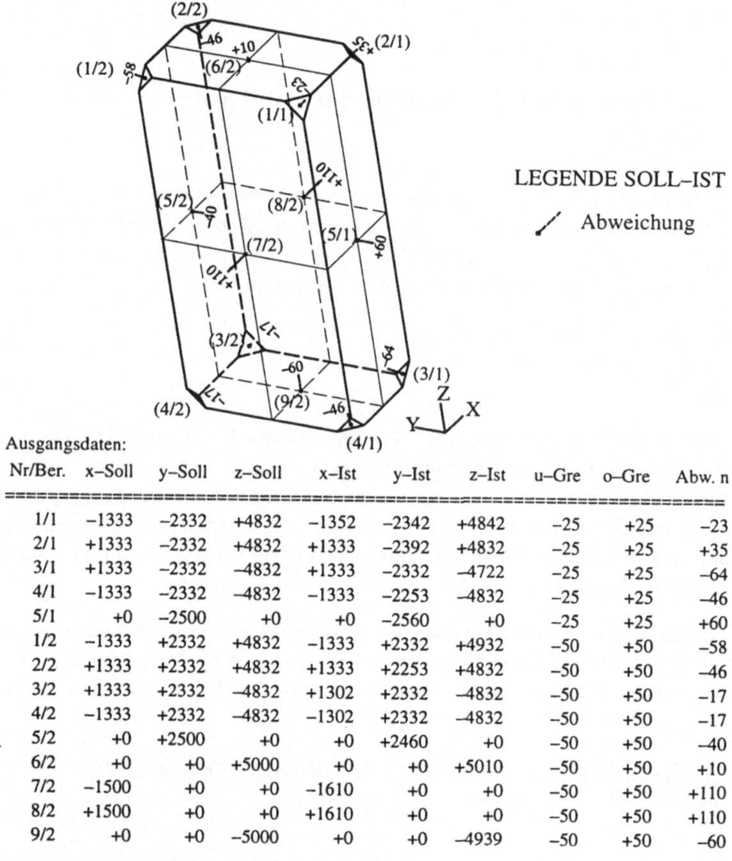

Ausgangsdaten:

Nr/Ber.	x–Soll	y–Soll	z–Soll	x–Ist	y–Ist	z–Ist	u–Gre	o–Gre	Abw. n
1/1	−1333	−2332	+4832	−1352	−2342	+4842	−25	+25	−23
2/1	+1333	−2332	+4832	+1333	−2392	+4832	−25	+25	+35
3/1	+1333	−2332	−4832	+1333	−2332	−4722	−25	+25	−64
4/1	−1333	−2332	−4832	−1333	−2253	−4832	−25	+25	−46
5/1	+0	−2500	+0	+0	−2560	+0	−25	+25	+60
1/2	−1333	+2332	+4832	−1333	+2332	+4932	−50	+50	−58
2/2	+1333	+2332	+4832	+1333	+2253	+4832	−50	+50	−46
3/2	+1333	+2332	−4832	+1302	+2332	−4832	−50	+50	−17
4/2	−1333	+2332	−4832	−1302	+2332	−4832	−50	+50	−17
5/2	+0	+2500	+0	+0	+2460	+0	−50	+50	−40
6/2	+0	+0	+5000	+0	+0	+5010	−50	+50	+10
7/2	−1500	+0	+0	−1610	+0	+0	−50	+50	+110
8/2	+1500	+0	+0	+1610	+0	+0	−50	+50	+110
9/2	+0	+0	−5000	+0	+0	−4939	−50	+50	−60

Bild 35: Quader vor der Einpassung

In Bild 36 und 37 sind graphische und numerische Ergebnisse von zwei unterschiedlichen Einpassungen dargestellt, die mit der Ausgangssituation in Bild 35 verglichen werden können. Folgende Ergebnisse werden durch die funktionsorientierte Einpassung erreicht:

– Einpassung bezüglich der Seitenflächen (Vgl. Bild 36):

Unter der Annahme, daß alle sechs Seitenflächen des Quaders den funktionstragenden Wirkflächen entsprechen, werden die Punkte auf den Seitenflächen mit Hilfe der graphischen Benutzeroberfläche interaktiv selektiert. Diese Punkte werden anschließend mit Hilfe des Algorithmus eingepaßt. Als Rahmenbedingungen werden unterschiedliche Einpaßtoleranzen vorgegeben. Werden die Ausgangsdaten der Abweichungen in Normalenrichtung (Vgl. Bild 35: Punkte 5/1: +0.60 mm, 5/2: −0.40 mm, 6/2: +0.10 mm, 7/2: +1.10 mm, 8/2: +1.10 mm und 9/2: − 0.60 mm) mit den Einpaßtoleranzen (Vgl. Bild 36: Punkte 5/1: + − 0.25 mm, 5/2: + − 0.50 mm, 6/2: + − 0.50 mm, 7/2: + − 1.50 mm, 8/2: + − 1.50 mm und 9/2: + − 0.50 mm) verglichen, wird ersichtlich, daß die Punkte 5/1 und 9/2 um 0.35 mm bzw. −0.1 mm außerhalb der Einpaßtoleranzen liegen. Alle anderen selektierten Punkte liegen innerhalb der Einpaßtoleranzen.

Durch die bestimmte Transformationsvorschrift (Vgl. Translations− und Rotationsmatrix in Bild 36) wird erreicht, daß die selektierten Punkte auf den Seitenflächen innerhalb der Einpaßtoleranzen liegen und damit die Rahmenbedingungen erfüllen. Dabei wird die quadratische Abweichung der selektierten Punkte, die außerhalb der Einpaßtoleranzen liegen, von 0.1325 mm^2 (Punkte 5/1 und 9/2: 0.35^2 mm^2 + 0.1^2 mm^2) auf 0.0 mm^2 erreicht. Im Anschluß daran wird automatisch die quadratische Abweichung der selektierten Punkte minimiert, ohne die Einpaßtoleranzen zu überschreiten. Hierfür wird ein Wert von 2.61 mm^2 auf 2.32 mm^2 erreicht (Vgl. Bild 36).

Ergebnis der funktionsorientierten Einpassung mit den selektierten Punkten ist die Transformationsvorschrift mit dem Translationsvektor und der Rotationsmatrix. Diese Transformationsvorschrift wird auf die Ist−Meßpunkte der Ausgangsdaten angewandt. Dabei lassen sich die Auswirkungen der Transformation auf die Gestaltabweichungen in Normalenrichtung analysieren, indem die sich ergebenden Abweichungen mit den Prüfplantoleranzen verglichen werden.

Die Summe der quadratischen Abweichungen der selektierten Punkte auf den funktionstragenden Wirkflächen wird durch die Einpassung von 3.31 mm^2 (Vgl. Bild 35: Punkte 5/1: 0.60^2 mm^2, 5/2: 0.40^2 mm^2, 6/2: 0.10^2 mm^2, 7/2: 1.10^2 mm^2, 8/2: 1.10^2 mm^2 und 9/2: 0.60^2 mm^2) auf 2.3 mm^2 (Vgl. Bild 36: Punkte 5/1: 0.02^2 mm^2, 5/2: 0.02^2 mm^2, 6/2: 0.28^2 mm^2, 7/2: 1.03^2 mm^2, 8/2: 1.04^2 mm^2 und 9/2: 0.28^2 mm^2) minimiert. Dies entspricht einer Reduzierung von 30.5 %. Dies bedeutet, daß der Anteil von 30.5 % durch eine Lageveränderung (Translation und Rotation) und der restliche Anteil von 69.5 % durch die Abweichung der Form des Quaders verursacht wird.

– Einpassung bezüglich der Ecken (Vgl. Bild 37):

In gleicher Weise wird die Einpassung nach dem oben beschriebenen Ablauf mit drei Punkten auf den Dreiecksflächen durchgeführt. Zudem werden die Einpaßtoleranzen von Null vorgegeben. Dabei konnte die quadratische Abweichung der selektierten Punkte von 0.6 mm^2 (Vgl. Bild 35: Punkte 1/1: 0.23^2 mm^2, 1/2: 0.58^2 mm^2 und 2/2: 0.46^2 mm^2) auf 0.0 mm^2 (Vgl. Bild 37) minimiert werden. Die Ergebnisse der Einpassung können nach dem oben beschriebenen Beispiel bezüglich der Seitenflächen interpretiert werden (Minimierung um 100 % bezüglich der selektierten Punkte).

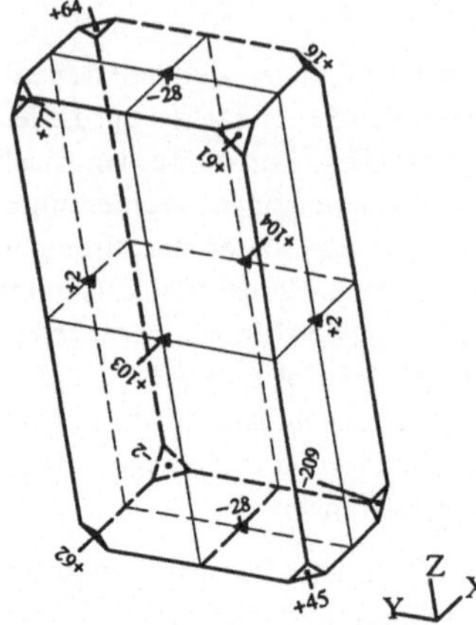

◄ Einpaßpunkte

LEGENDE EINPASSEN

Translation	Rotationsmatrix		
X: +0.01	+0.99	+0.07	+0.04
Y: +0.49	−0.07	+0.99	+0.01
Z: −0.35	−0.04	+0.00	+0.99

Anfang unter Beachtung der Randbedingungen
Quadr. Abw. der sel. Punkte in Normalenrichtung = 0.13125
Erfolgreiche Minimierung bzgl. der Randbedingungen
Quadr. Abw. der sel. Punkte in Normalenrichtung = 0.00 — } Minimierung der Gestaltabweichungen bis Einpaßtoleranzen erreicht werden
Anfang der Feinminimierung
Quadr. Abw. der sel. Punkte in Normalenrichtung = 2.61
Ende der Feinminimierung
Quadr. Abw. der sel. Punkte in Normalenrichtung = 2.32 — } Minimierung der Gestaltabweichungen innerhalb der Einpaßtoleranzen

Selektierte Punkte mit Einpaßtoleranzen:

	Nr/Ber.	x–Soll	y–Soll	z–Soll	x–Ist	y–Ist	z–Ist	u–Gre	o–Gre	Abw. n
◄	5/1	+0	−2500	+0	−196	−2502	−34	−25	+25	+2
◄	5/2	+0	+2500	+0	+190	+2502	−35	−50	+50	+2
◄	6/2	+0	+0	+5000	+193	+35	+4971	−50	+50	−28
◄	7/2	−1500	+0	+0	−1603	+174	+27	−150	+150	+103
◄	8/2	+1500	+0	+0	+1604	−74	−97	−150	+150	+104
◄	9/2	+0	+0	−5000	−189	+64	−4971	−50	+50	−28

Alle Punkte mit Prüfplantoleranzen:

	Nr/Ber.	x–Soll	y–Soll	z–Soll	x–Ist	y–Ist	z–Ist	u–Gre	o–Gre	Abw. n
	1/1	−1333	−2332	+4832	−1341	−2195	+4856	−25	+25	+60
	2/1	+1333	−2332	+4832	+1329	−2452	+4743	−25	+25	+15
	3/1	+1333	−2332	−4832	+966	−2365	−4805	−25	+25	−208
	4/1	−1333	−2332	−4832	−1687	−2079	−4812	−25	+25	+46
◄	5/1	+0	−2500	+0	−196	−2502	−34	−25	+25	+2
	1/2	−1333	+2332	+4832	−957	+2464	+4945	−50	+50	+75
	2/2	+1333	+2332	+4832	+1688	+2179	+4742	−50	+50	+64
	3/2	+1333	+2332	−4832	+1292	+2289	−4914	−50	+50	−1
	4/2	−1333	+2332	−4832	−1303	+2490	−4814	−50	+50	+63
◄	5/2	+0	+2500	+0	+190	+2502	−35	−50	+50	+2
◄	6/2	+0	+0	+5000	+193	+35	+4971	−50	+50	−28
◄	7/2	−1500	+0	+0	−1603	+174	+27	−50	+50	+103
◄	8/2	+1500	+0	+0	+1604	−74	−97	−50	+50	+104
◄	9/2	+0	+0	−5000	−189	+64	−4971	−50	+50	−28

Bild 36: Ergebnisse der funktionsorientierten Einpassung bzgl. der Seitenflächen

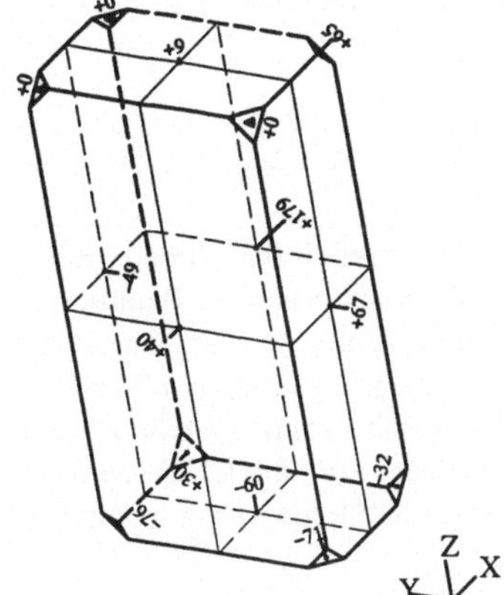

◄ Einpaßpunkte

LEGENDE EINPASSEN

Translation	Rotationsmatrix		
X:+0.85	+0.99	+0.02	+0.00
Y:+0.01	−0.02	+0.99	+0.00
Z:+0.01	+0.00	+0.00	+1.00

Anfang unter Beachtung der Randbedingungen
Quadr. Abw. der sel. Punkte in Normalenrichtung = 0.60 } Minimierung der Gestaltab-
Erfolgreiche Minimierung bzgl. der Randbedingungen } weichungen bis Einpaßtole-
Quadr. Abw. der sel. Punkte in Normalenrichtung = 0 00 } ranzen (0) erreicht werden

Selektierte Punkte mit Einpaßtoleranzen:

Nr/Ber.	x–Soll	y–Soll	z–Soll	x–Ist	y–Ist	z–Ist	u–Gre	o–Gre	Abw. n
◄ 1/1	−1333	−2333	+4832	−1334	−2321	+4843	+0	+0	+0
◄ 1/2	−1333	+2333	+4832	−1212	+2353	+4933	+0	+0	+0
◄ 2/2	+1333	+2333	+4832	+1450	+2215	+4833	+0	+0	+0

Alle Punkte mit Prüfplantoleranzen:

Nr/Ber.	x–Soll	y–Soll	z–Soll	x–Ist	y–Ist	z–Ist	u–Gre	o–Gre	Abw. n
◄ 1/1	−1333	−2332	+4832	−1334	−2321	+4843	−25	+25	+0
2/1	+1333	−2332	+4832	+1349	−2429	+4833	−25	+25	+65
3/1	+1333	−2332	−4832	+1350	−2369	−4722	−25	+25	−31
4/1	−1333	−2332	−4832	−1312	−2231	−4832	−25	+25	−70
5/1	+0	−2500	+0	+13	−2567	+0	−25	+25	+67
◄ 1/2	−1333	+2332	+4832	−1212	+2353	+4933	−50	+50	+0
◄ 2/2	+1333	+2332	+4832	+1450	+2215	+4833	−50	+50	+0
3/2	+1333	+2332	−4832	+1422	+2295	−4832	−50	+50	+30
4/2	−1333	+2332	−4832	−1182	+2352	−4832	−50	+50	−75
5/2	+0	+2500	+0	+122	+2451	+0	−50	+50	−48
6/2	+0	+0	+5000	+69	−8	+5010	−50	+50	+10
7/2	−1500	+0	+0	−1540	+26	+0	−50	+50	+40
8/2	+1500	+0	+0	+1678	−43	+0	−50	+50	+178
9/2	+0	+0	−5000	+69	−8	−4939	−50	+50	−60

Bild 37: Ergebnisse der funktionsorientierten Einpassung bzgl. Dreiecksflächen an den Ecken

Durch die Einpassung bezüglich der Seitenflächen und Ecken soll hervorgehoben werden, daß unterschiedliche Betrachtungsweisen anhand einmal gewonnener Meßergebnisse simuliert und analysiert werden können.

7.1.2   Bemusterung eines Einzelteils

Die funktionsorientierte Einpassung wird an einem Einzelteil des oberen Heckfensterrahmens der Rohkarosserie erläutert und bewertet. Hierzu wird für die Bemusterung eine Meßaufnahme benötigt, welche das Einzelteil in eine definierte räumliche Lage bringt (Vgl. Bild 38). Die Meßaufnahme wird zusammen mit dem eingespannten Einzelteil räumlich auf dem Koordinatenmeßgerät ausgerichtet. Danach können Meßpunkte auf der Oberfläche des Einzelteils erfaßt werden. Voraussetzung für eine CNC–gesteuerte Erfassung ist ein Meßprogramm, das mit Hilfe von Off–line–Programmiersystemen generiert wird (Vgl. Kap. 4.5).

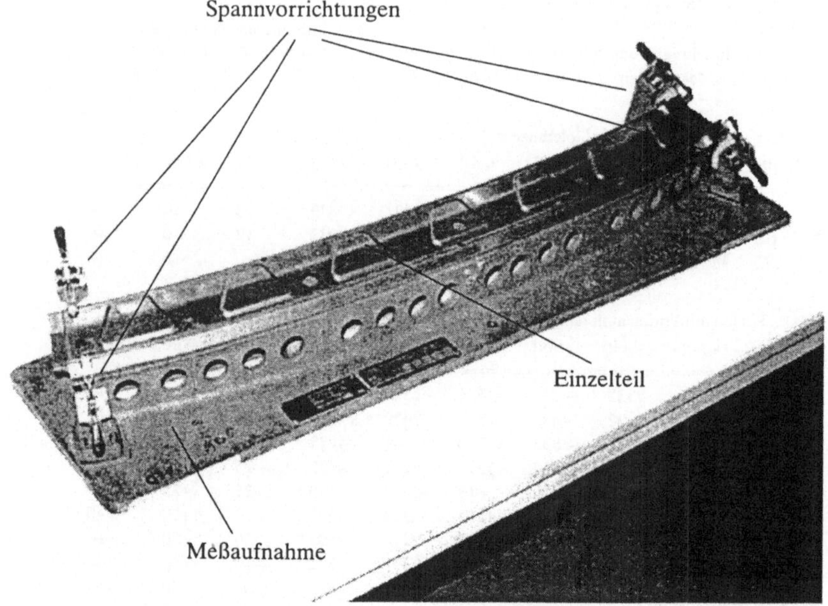

Bild 38: Einzelteil (Heckfensterrahmen im Rohbau) mit Meßaufnahme für die Bemusterung auf einem Koordinatenmeßgerät

Für die graphische Auswertung der Soll– und Ist–Meßpunkte wurde ein Strahlendiagramm erstellt (Vgl. Kap. 4.7). Die dargestellten Strahlen in Bild 39 entsprechen Abweichungen in Normalenrichtung. Aufgrund der großen Anzahl von Meßpunkten werden nur die numerischen Werte der Meßpunkte bezüglich der Einpassung angegeben. In dieser

Darstellung sind nur geringfügige Abweichungen am linken und rechten Rand des Einzelteiles zu erkennen. Der Grund hierfür ist, daß das Einzelteil während der meßtechnischen Erfassung mit vier Spannvorrichtungen festgeklemmt wurde (Vgl. Bild 38).

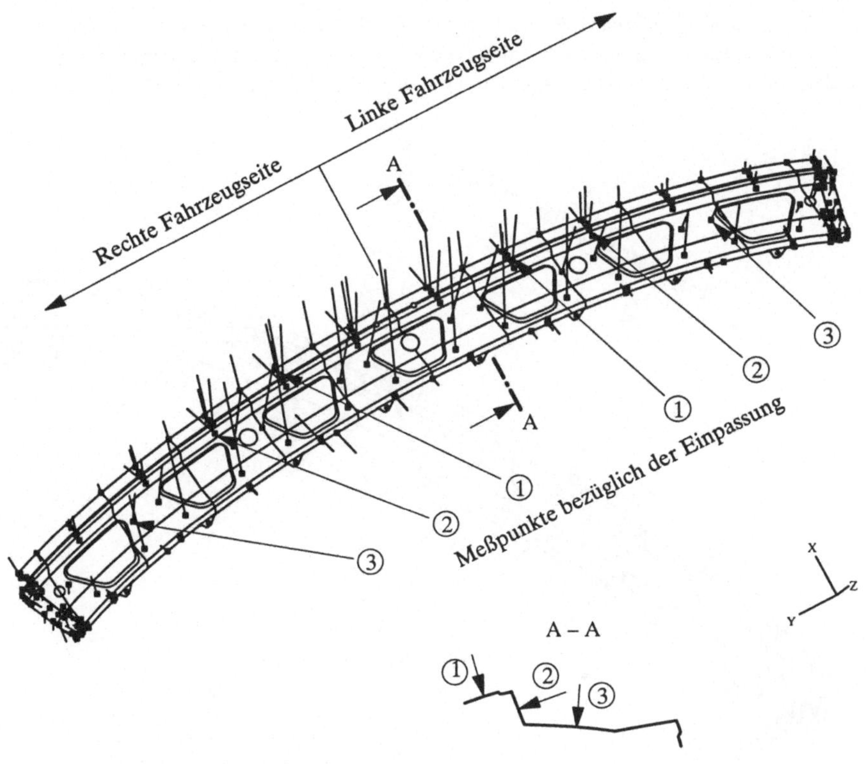

Ausgangsdaten:

Nr/Ber.	x–Soll	y–Soll	z–Soll	x–Ist	y–Ist	z–Ist	u–Gre	o–Gre	Abw. n
35/4	+305600	–15200	+69090	+305600	–15200	+69200	–50	+50	+85
102/5	+303165	–25200	+68800	+303250	–25200	+68800	–50	+50	–67
109/5	+298700	–38500	+68373	+298700	–38500	+68402	–50	+50	+28
35/8	+305600	+15200	+69095	+305600	+15200	+69233	–50	+50	+107
102/9	+303155	+25200	+68800	+303238	+25200	+68800	–50	+50	–65
109/9	+298700	+38500	+68372	+298700	+38500	+68428	–50	+50	+54

Bild 39: Meßergebnisse eines Heckfenster–Rahmenteils

Wie bereits erwähnt, wurde das Einzelteil für die Erstbemusterung meßtechnisch erfaßt. Für den Rohbau wurde aufgrund fertigungstechnischer Anforderungen eine vergleichbare Meßaufnahme wie für die Erstbemusterung hergestellt. Hierbei wurden die Spannvorrichtungen auf der Meßaufnahme nach innen versetzt. Zum Zeitpunkt der Erstbemusterung lag die Meßaufnahme für den Rohbau nicht vor. Aus diesem Grund wurde die rechnerunterstützte Einpassung angewandt, um anhand der Meßergebnisse aus der Erstbemusterung auf die Meßergebnisse unter Berücksichtigung der Rahmenbedingungen des Rohbaus zu schließen.

Die Rahmenbedingungen des Rohbaus werden durch drei funktionstragende Wirkflächen vorgegeben. Auf diesen Flächen werden für die Einpassung im linken und rechten Bereich je drei Meßpunkte interaktiv ausgewählt (Vgl. Bild 39, Meßpunkt–Nummer 1, 2 und 3).

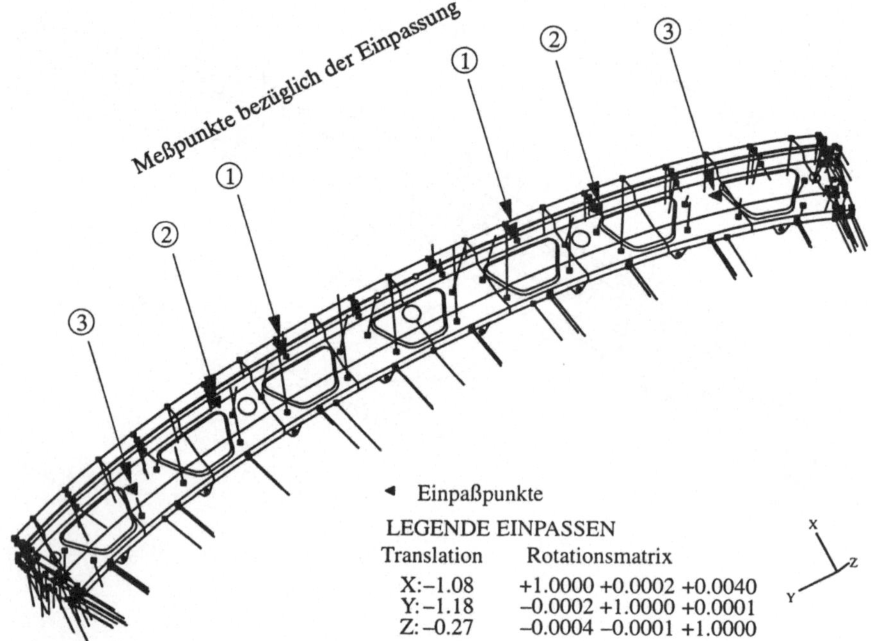

Anfang unter Beachtung der Randbedingungen
Quadr. Abw. der sel. Punkte in Normalenrichtung = 3.108
Erfolgreiche Minimierung bzgl. der Randbedingungen
Quadr. Abw. der sel. Punkte in Normalenrichtung = 0.006

Selektierte Punkte mit Einpaßtoleranzen:

Nr/Ber.	x–Soll	y–Soll	z–Soll	x–Ist	y–Ist	z–Ist	u–Gre	o–Gre	Abw. n
◄ 35/4	+305600	–15200	+69090	+305490	–15318	+69164	+0	+0	–5
◄ 102/5	+303165	–25200	+68800	+303136	–25318	+68773	+0	+0	–1
◄ 109/5	+298700	–38500	+68373	+298582	–38617	+68397	+0	+0	+2
◄ 35/8	+305600	+15200	+69095	+305496	+15081	+69191	+0	+0	+5
◄ 102/9	+303155	+25200	+68800	+303136	+25081	+68766	+0	+0	+1
◄ 109/9	+298700	+38500	+68372	+298598	+38382	+68412	+0	+0	–2

Bild 40: Heckfenster–Rahmenteil nach einer funktionsorientierten Einpassung
        (Simulation)

Das Ergebnis der rechnerunterstützten Einpassung ist in Bild 40 dargestellt. Als Rahmenbedingung wird vorgegeben, daß eine bestmögliche Einpassung bezüglich der funktionstragenden Wirkflächen anhand der Meßergebnisse abzuleiten ist. Hierfür werden die Einpaßtoleranzen für alle selektierten Meßpunkte bezüglich der Einpassung auf Null gesetzt (Vgl. Bild 40). Die Summe der quadratischen Abweichung der selektierten Punkte wird durch die rechnerunterstützte Einpassung von 3.108 mm^2 (Vgl. Bild 39: Punkte 35/4: 0.85^2 mm^2, 102/5: 0.67^2 mm^2, 109/5: 0.28^2 mm^2, 35/8: 1.07^2 mm^2, 102/9: 0.65^2 mm^2, 109/9: 0.54^2 mm^2) auf 0.006 mm^2 (Vgl. Bild 40: Punkte 35/4: 0.05^2 mm^2, 102/5: 0.01^2 mm^2, 109/5: 0.02^2 mm^2, 35/8: 0.05^2 mm^2, 102/9: 0.01^2 mm^2, 109/9: 0.02^2 mm^2) minimiert. Die Minimierung der quadratischen Abweichung entspricht einem Anteil von 99.8% und bedeutet, daß 99.8% der Gestaltabweichungen bezüglich der funktionstragenden Wirkflächen durch die Transformationsvorschrift minimiert wird (Vgl. Bild 40).

Anhand dieser Auswertung kann bereits zu einem frühen Zeitpunkt im Produktentstehungsprozeß das Einzelteil in bezug auf die Anforderungen des Rohbaus beurteilt werden. Dadurch können wiederum Entscheidungen über Korrekturmaßnahmen getroffen werden, bevor die Fertigung der Serie anläuft.

7.1.3 Analyse im Karosserie–Rohbau

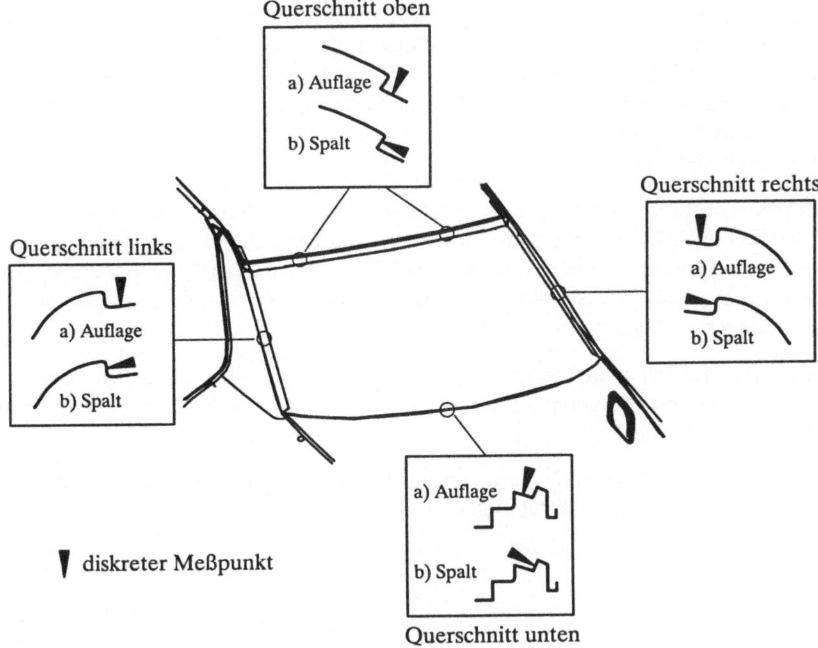

Bild 41: Heckfensterausschnitt der Karosserie

Am Beispiel des Heckfensterausschnittes der Rohkarosserie wird der rechnerunterstützte Algorithmus erläutert. Ziel ist eine funktionsorientierte Auswertung (Vgl. Kap. 6.4.3).

An der Auflagefläche der Heckscheibe sowie der seitlichen Begrenzung in der Karosserie werden Meßpunkte mit Hilfe von Koordinatenmeßgeräten erfaßt. Die Querschnitte am unteren, oberen, linken und rechten Ausschnitt sind in Bild 41 zusammen mit der Lage der Meßpunkte für eine rechnerunterstützte Einpassung dargestellt.

Am Umfang des Ausschnittes wird eine bestimmte Anzahl von Meßpunkten erfaßt. Diese Punkte liegen auf der Auflagefläche und an der seitlichen Begrenzung. Die Meßergebnisse werden numerisch und graphisch dokumentiert.

Graphische Auswertungen werden in einem Strahlendiagramm ausgegeben. Die Strahlen beziehen sich auf geometrische Abweichungen in Normalenrichtung.

In Bild 42 sind die Meßergebnisse eines Heckfensterausschnittes dargestellt. Anhand der dargestellten Strahlen werden Gestaltabweichungen bezüglich der Auflagefläche der Heckscheibe sichtbar. Rechtwinklig dazu werden Gestaltabweichungen des Spalts aufgezeigt.

Die Meßergebnisse in Bild 42 beziehen sich auf das Fahrzeug–Koordinatensystem in der Mitte der Vorderachse.

Der Algorithmus für die Einpassung von Ist–Meßpunkten an Soll–Meßpunkte in Normalenrichtung ist mit der Prüfung des Ausschnittes mit Hilfe einer Prüflehre vergleichbar. Hierzu wird die Prüflehre auf die Auflagefläche des Heckfensterausschnittes gelegt und bis zur oberen und linken Begrenzung des Ausschnittes verschoben. Danach wird der Spalt, der sich zwischen Prüflehre und Auflagefläche sowie zwischen Prüflehre und seitlicher Begrenzung befindet, ausspioniert.

In der rechnerunterstützten Einpassung werden zunächst drei Auflagepunkte einer "theoretischen Lehre" interaktiv selektiert. Im vorliegenden Beispiel sind dies zwei Punkte auf der oberen und ein Punkt auf der unteren Auflagefläche. Weiterhin werden vier Punkte für die seitliche Begrenzung ausgewählt: Zwei Punkte auf der oberen und ein Punkt auf der linken und rechten Begrenzung (Vgl. Bild 41).

Für die ausgewählten Punkte können Einpaßtoleranzen vorgegeben werden. In diesem Fall wurde keine Änderung vorgenommen, d.h. es wurden automatisch die Toleranzen aus dem Prüfplan übernommen.

Die Ergebnisse der Einpassung wurden graphisch in einem Strahlendiagramm dargestellt und numerisch dokumentiert (Vgl. Bild 43 und 44).

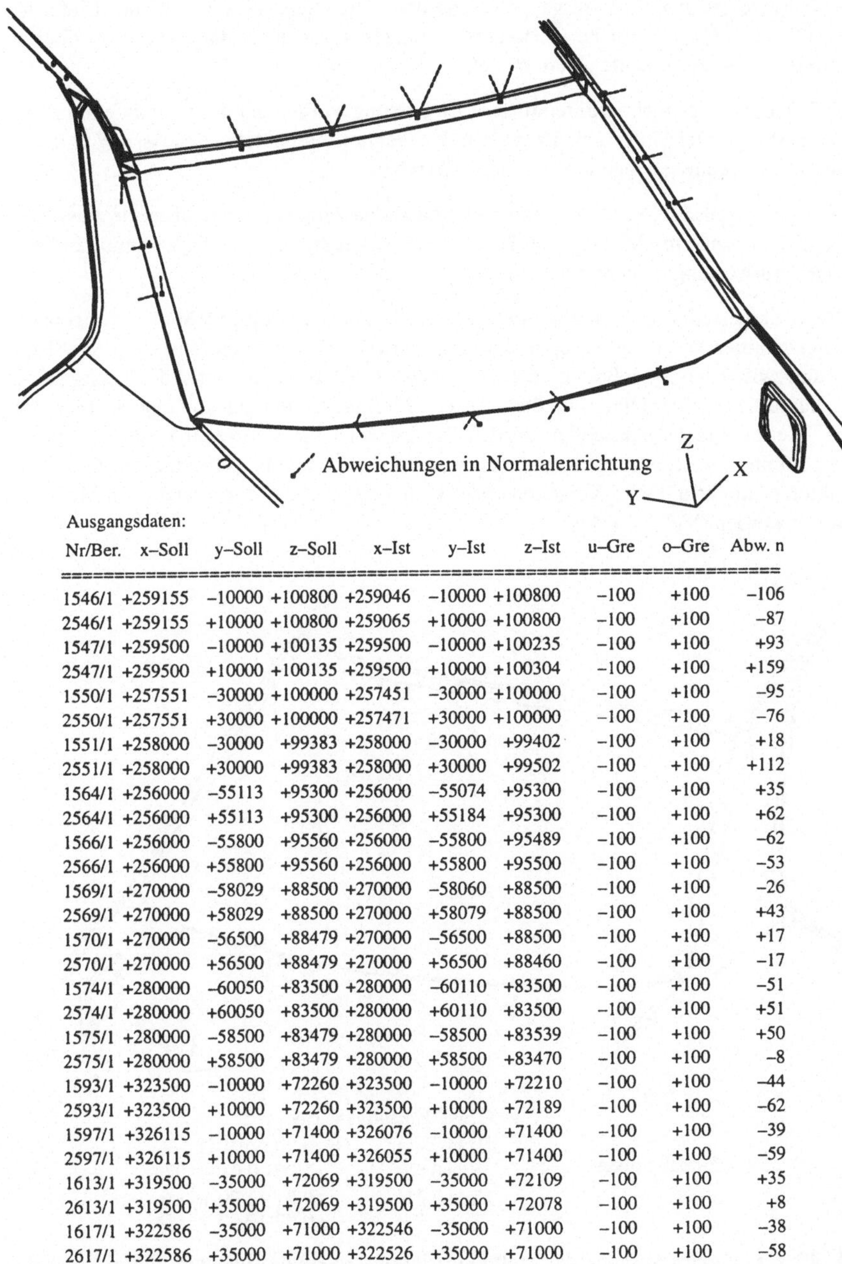

Ausgangsdaten:

Nr/Ber.	x–Soll	y–Soll	z–Soll	x–Ist	y–Ist	z–Ist	u–Gre	o–Gre	Abw. n
1546/1	+259155	−10000	+100800	+259046	−10000	+100800	−100	+100	−106
2546/1	+259155	+10000	+100800	+259065	+10000	+100800	−100	+100	−87
1547/1	+259500	−10000	+100135	+259500	−10000	+100235	−100	+100	+93
2547/1	+259500	+10000	+100135	+259500	+10000	+100304	−100	+100	+159
1550/1	+257551	−30000	+100000	+257451	−30000	+100000	−100	+100	−95
2550/1	+257551	+30000	+100000	+257471	+30000	+100000	−100	+100	−76
1551/1	+258000	−30000	+99383	+258000	−30000	+99402	−100	+100	+18
2551/1	+258000	+30000	+99383	+258000	+30000	+99502	−100	+100	+112
1564/1	+256000	−55113	+95300	+256000	−55074	+95300	−100	+100	+35
2564/1	+256000	+55113	+95300	+256000	+55184	+95300	−100	+100	+62
1566/1	+256000	−55800	+95560	+256000	−55800	+95489	−100	+100	−62
2566/1	+256000	+55800	+95560	+256000	+55800	+95500	−100	+100	−53
1569/1	+270000	−58029	+88500	+270000	−58060	+88500	−100	+100	−26
2569/1	+270000	+58029	+88500	+270000	+58079	+88500	−100	+100	+43
1570/1	+270000	−56500	+88479	+270000	−56500	+88500	−100	+100	+17
2570/1	+270000	+56500	+88479	+270000	+56500	+88460	−100	+100	−17
1574/1	+280000	−60050	+83500	+280000	−60110	+83500	−100	+100	−51
2574/1	+280000	+60050	+83500	+280000	+60110	+83500	−100	+100	+51
1575/1	+280000	−58500	+83479	+280000	−58500	+83539	−100	+100	+50
2575/1	+280000	+58500	+83479	+280000	+58500	+83470	−100	+100	−8
1593/1	+323500	−10000	+72260	+323500	−10000	+72210	−100	+100	−44
2593/1	+323500	+10000	+72260	+323500	+10000	+72189	−100	+100	−62
1597/1	+326115	−10000	+71400	+326076	−10000	+71400	−100	+100	−39
2597/1	+326115	+10000	+71400	+326055	+10000	+71400	−100	+100	−59
1613/1	+319500	−35000	+72069	+319500	−35000	+72109	−100	+100	+35
2613/1	+319500	+35000	+72069	+319500	+35000	+72078	−100	+100	+8
1617/1	+322586	−35000	+71000	+322546	−35000	+71000	−100	+100	−38
2617/1	+322586	+35000	+71000	+322526	+35000	+71000	−100	+100	−58

Bild 42: Heckfensterausschnitt vor der Einpassung

Der Unterschied zwischen Ausgangszustand und Einpassung wird anhand der Bilder 42 und 43 erkennbar. Deutliche Gestaltabweichungen weist die Auflagefläche im oberen rechten und unteren rechten Bereich auf.

Die Ergebnisse der rechnerunterstützten Einpassung wurden mit der vorhandenen Prüflehre bestätigt. Der Unterschied zwischen der rechnerunterstützten Einpassung und den Prüflehrenergebnissen lagen im 1/10 mm−Bereich.

Mit den Ergebnissen der rechnerunterstützten Einpassung können realistische Aussagen bezüglich der späteren Montage der Heckscheibe abgeleitet werden. Dies war anhand bisheriger Auswertungen nicht möglich.

In dem dargestellten Beispiel wurden Ist−Meßpunkte an Soll−Meßpunkte angepaßt. Demgegenüber könnte ebensogut eine rechnerunterstützte, funktionsorientierte Einpassung zwischen Ist−Meßpunkten der Karosserie und Ist−Meßpunkten der Heckscheibe durchgeführt werden. Hierzu müßten die Ist−Meßpunkte der Heckscheibe anstelle der Soll−Meßpunkte berücksichtigt werden. Damit wird die Beurteilung von Fahrzeugkomponenten, welche zusammengebaut werden, unter funktionsorientierten Gesichtspunkten ermöglicht. Diese Vorgehensweise kann entsprechend einer selektiven Montage gewählt werden (Vgl. Kap. 4.9).

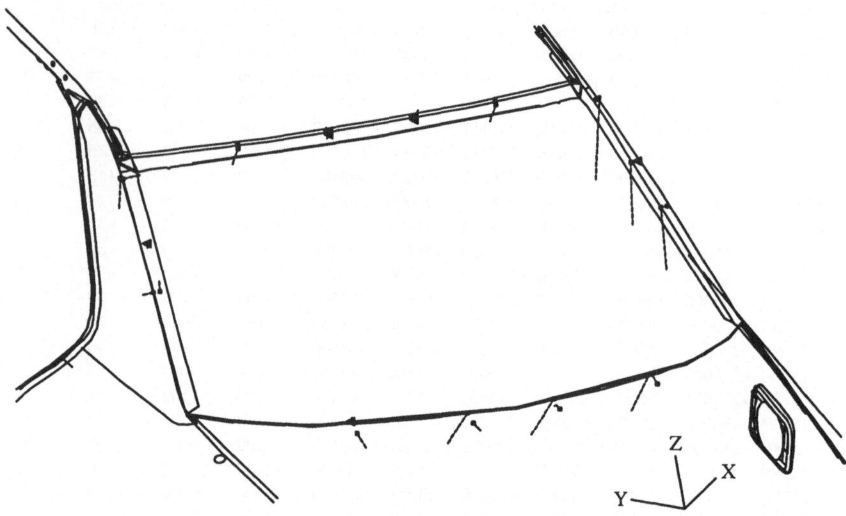

LEGENDE EINPASSEN

◄ Einpaßpunkte

Translation	Rotationsmatrix		
X: +0.65	+1.00	−0.01	−0.02
Y: +0.21	+0.01	+1.00	+0.00
Z: −1.33	+0.02	+0.00	+1.00

Bild 43: Graphische Ausgabe der funktionsorientierten Einpassung von interaktiv selektierten Soll− und Ist−Meßpunkten des Heckfensterausschnittes

Anfang unter den Randbedingungen
Quadr. Abw. der sel. Punkte in Normalenrichtung = 0.36
Erfolgreiche Minimierung bzgl. der Randbedingungen
Quadr. Abw. der sel. Punkte in Normalenrichtung = 0.00 } Minimierung der Gestaltabweichungen bis Einpaßtoleranzen erreicht werden
Anfang der Feinminimierung
Quadr. Abw. der sel. Punkte in Normalenrichtung = 2.59
Ende der Feinminimierung
Quadr. Abw. der sel. Punkte in Normalenrichtung = 0.32 } Minimierung der Gestaltabweichungen innerhalb der Einpaßtoleranzen

Selektierte Punkte mit Einpaßtoleranzen:

Nr/Ber.	x–Soll	y–Soll	z–Soll	x–Ist	y–Ist	z–Ist	u–Gre	o–Gre	Abw. n
◀ 1546/1	+259155	–10000	+100800	+259109	–9989	+100688	–100	+100	–17
◀ 2546/1	+259155	+10000	+100800	+259116	+10010	+100664	–100	+100	–5
◀ 1547/1	+259500	–10000	+100135	+259563	–9989	+100124	–100	+100	+11
◀ 2547/1	+259500	+10000	+100135	+259550	+10010	+100169	–100	+100	+49
◀ 1569/1	+270000	–58030	+88500	+270098	–58056	+88450	–100	+100	–5
◀ 2569/1	+270000	+58030	+88500	+270020	+58083	+88307	–100	+100	–12
◀ 1613/1	+319500	–35000	+72069	+319586	–34983	+72041	–100	+100	+13

Alle Punkte mit Prufplantoleranzen:

Nr/Ber.	x–Soll	y–Soll	z–Soll	x–Ist	y–Ist	z–Ist	u–Gre	o–Gre	Abw. n
◀ 1546/1	+259155	–10000	+100800	+259109	–9989	+100688	–100	+100	–17
◀ 2546/1	+259155	+10000	+100800	+259116	+10010	+100664	–100	+100	–5
◀ 1547/1	+259500	–10000	+100135	+259563	–9989	+100124	–100	+100	+11
2547/1	+259500	+10000	+100135	+259550	+10010	+100169	–100	+100	+49
1550/1	+257551	–30000	+100000	+257529	–29991	+99913	–100	+100	+0
2550/1	+257551	+30000	+100000	+257508	+30008	+99839	–100	+100	+0
1551/1	+258000	–30000	+99383	+258077	–29991	+99316	–100	+100	–36
2551/1	+258000	+30000	+99383	+258036	+30008	+99342	–100	+100	–25
1564/1	+256000	–55113	+95300	+256095	–55071	+95243	–100	+100	+52
2564/1	+256000	+55113	+95300	+256020	+55185	+95108	–100	+100	+13
1566/1	+256000	–55800	+95560	+256095	–55797	+95434	–100	+100	–80
2566/1	+256000	+55800	+95560	+256020	+55802	+95307	–100	+100	–218
◀ 1569/1	+270000	–58029	+88500	+270098	–58056	+88450	–100	+100	–5
◀ 2569/1	+270000	+58029	+88500	+270020	+58083	+88307	–100	+100	–12
1570/1	+270000	–56500	+88479	+270097	–56496	+88448	–100	+100	+4
2570/1	+270000	+56500	+88479	+270021	+56502	+88269	–100	+100	–175
1574/1	+280000	–60050	+83500	+280101	–60106	+83455	–100	+100	–28
2574/1	+280000	+60050	+83500	+280020	+60113	+83307	–100	+100	–9
1575/1	+280000	–58500	+83479	+280100	–58496	+83493	–100	+100	+44
2575/1	+280000	+58500	+83479	+280021	+58503	+83279	–100	+100	–162
1593/1	+323500	–10000	+72260	+323569	–9980	+72113	–100	+100	–99
2593/1	+323500	+10000	+72260	+323556	+10019	+72068	–100	+100	–144
1597/1	+326115	–10000	+71400	+326146	–9980	+71303	–100	+100	+23
2597/1	+326115	+10000	+71400	+326112	+10019	+71279	–100	+100	–10
◀ 1613/1	+319500	–35000	+72069	+319586	–34983	+72041	–100	+100	+13
2613/1	+319500	+35000	+72069	+319539	+35016	+71926	–100	+100	–109
1617/1	+322586	–35000	+71000	+322633	–34982	+70933	–100	+100	+38
2617/1	+322586	+35000	+71000	+322566	+35016	+70847	–100	+100	–31

Bild 44: Numerische Ergebnisse der Einpassung (Heckfensterausschnitt)

7.1.4 Hilfsmittel zur Flächenrückführung

Bei der Flächenrückführung von Urmodellen werden sehr hohe Anforderungen an die Genauigkeit gestellt. Abweichungen zwischen digitalisierten Punkten der Urmodelle und den daraus abzuleitenden CAD–Datenmodellen dürfen ± 0.02 mm nicht überschreiten.

Bei der Weiterverarbeitung von digitalisierten Daten zu CAD–Datenmodellen kann unter Umständen die geforderte Genauigkeit nicht eingehalten werden. Die Ursache hierfür wird auf die Sensorik zurückgeführt, mittels derer Punkte auf Mäanderbahnen erfaßt werden. Dabei muß gegebenenfalls der Sensor aufgrund der Zugänglichkeit gedreht bzw. ausgetauscht werden. Die daraus resultierenden Abweichungen in den Überlappungsbereichen der Meßfelder können außerhalb der geforderten Genauigkeit liegen (Vgl. Bild 45).

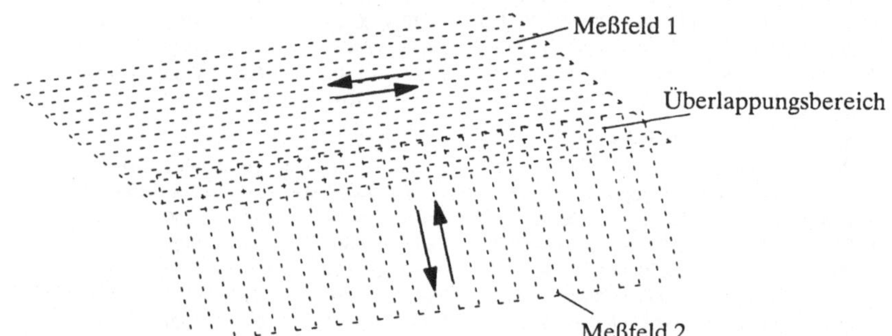

Bild 45: Überlagerung von Meßfeldern während der Digitalisierung von Urmodellen

Abweichungen zwischen den einzelnen Meßfeldern werden innerhalb der Überlappungsbereiche mit Hilfe von CAD–Funktionen nach folgendem Schema ermittelt:

– Festlegung von Ausschnitten innerhalb der Überlappungsbereiche (Vgl. Bild 46):

Ein beliebiger Ausschnitt in den Überlappungsbereichen der Meßfelder kann mit Hilfe eines Polygonzuges eingegrenzt werden. Die Lage und Größe der Ausschnitte ist abhängig von der Komplexität der Form des Urmodells.

– Berechnung von Kurven durch die Polygonzüge in den Ausschnitten (Vgl. Bild 47):

Anhand der digitalisierten Punkte, welche auf den Polygonzügen in den eingegrenzten Ausschnitten liegen, werden Kurven berechnet. Dies ist für die Durchführung des nachfolgenden Schrittes notwendig.

– Berechnung der kürzesten Abstände der Kurven (Vgl. Bild 47):

Die kürzesten Abstände werden aus den sich überlagernden Kurven berechnet, um die Genauigkeit der digitalisierten Punkte in den Überlappungsbereichen zu bestimmen. Hierfür werden zwei Lotpunkte auf den Kurven bestimmt. Der Abstand zwischen beiden Lotpunkten entspricht dabei dem kürzesten Abstand.

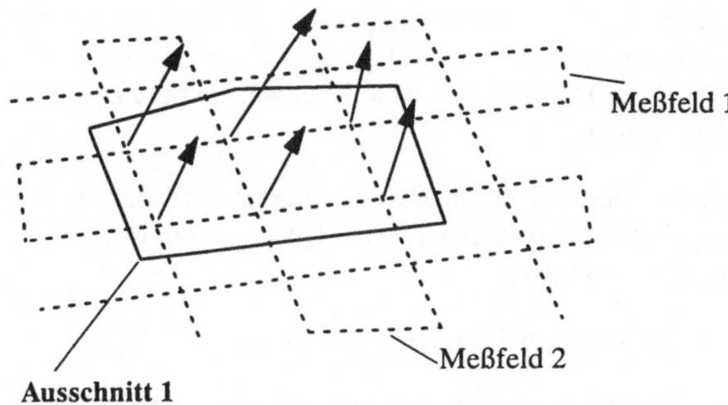

Bild 46: Abweichungen überlagerter Meßfelder zur Flächenrückführung von Urmodellen

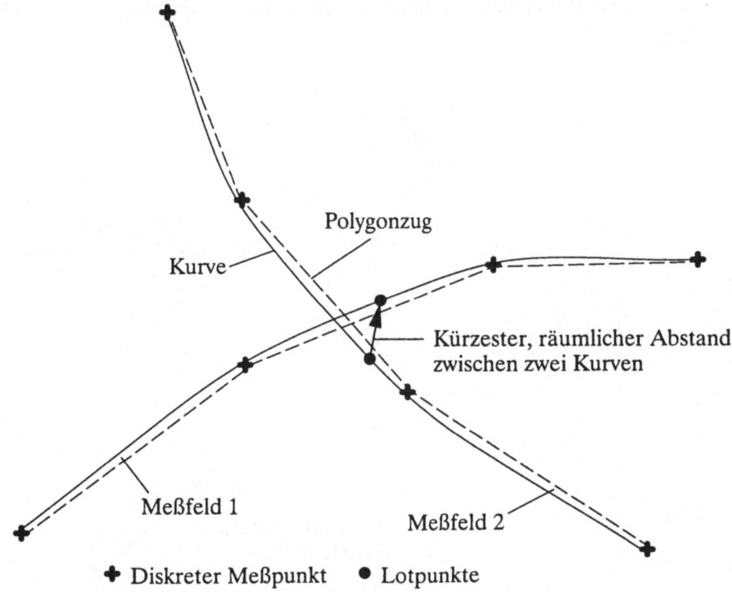

Bild 47: Berechnung des kürzesten Abstandes zwischen zwei Kurven

Werden durch diese Vorgehensweise Abweichungen zwischen den Meßfeldern außerhalb der geforderten Genauigkeit festgestellt, müssen die einzelnen Meßfelder aufeinander abgestimmt werden. Hierfür wird ein Meßfeld als Basis für die Flächenbeschreibung bestimmt. Die restlichen Meßfelder müssen nach dem zuvor bestimmten Meßfeld so positioniert werden, daß die Abweichungen innerhalb der vorgegebenen Genauigkeit liegen.

Aufgrund der Abweichungen zwischen 0.1 und 0.3 mm wurde bisher in manuellen Schritten versucht, die festgestellten Abweichungen in den Überlappungsbereichen der Meßfelder durch translatorische Bewegungen auszugleichen. Dabei wird die Reduzierung der Abweichungen angestrebt, bis die Abweichungen eine Toleranz von ± 0.02 mm nicht überschreiten. Rotatorische Bewegungen wurden ausgeschlossen, da diese, bedingt durch die Größe der Urmodelle und der geringen Abweichungen, sehr große Auswirkungen auf Abweichungen haben können.

Aus den entwickelten Algorithmen zur Minimierung von Gestaltabweichungen werden für die oben erläuterte Problematik folgende zwei Algorithmen als Hilfswerkzeuge für die Flächenrückführung übernommen:

– Orthogonale Transformation (Vgl. Kap. 6.4.1.3) und

– Minimierung der Abweichung unter geometrischen Gesichtspunkten (Vgl. Kap. 6.4.1).

Mit Hilfe der orthogonalen Transformation kann mit nur drei Punktepaaren (Lotpunkte) die Anpassung der Abweichungen zwischen den Meßfeldern durchgeführt werden. Hierbei kann beispielsweise je ein Punktepaar aus den zuvor eingegrenzten Ausschnitten interaktiv selektiert werden.

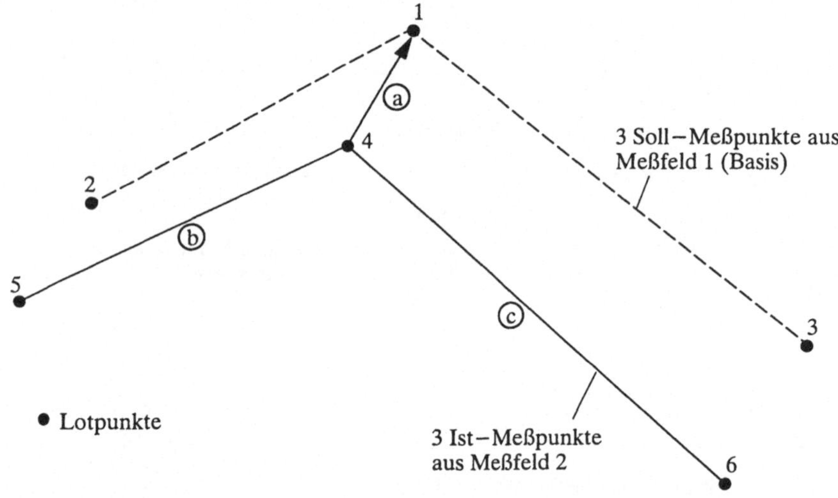

ⓐ Verschiebung
ⓑ Überlagerung der Kante 1−2 mit 4−5 durch Drehung um den Punkt 1
ⓒ Überlagerung der Kante 1−3 mit 4−6 durch Drehung um die Kante 4−5

Ergebnis: Rotationsmatrix $\underline{R}$
        Translationsvektor $\underline{t}$

Bild 48: Minimierung der Abweichung von Meßfeldern durch eine orthogonale Transformation

Die orthogonale Transformation mit den drei Punktepaaren (Lotpunkte) wird in drei Schritten durchgeführt (Bild 48):

– Translation:

Die drei Punktepaare werden so verschoben, daß die Lotpunkte des zuerst selektierten Punktepaares übereinander liegen.

– Rotation:

Die Kanten zwischen dem ersten und zweiten Punktepaar werden durch eine Rotation überlagert, d.h. es wird um den ersten Punkt gedreht, bis die Kante 1−2 mit der Kante 4−5 übereinstimmt.

– Rotation:

Abschließend wird eine Rotation der drei Punktepaare um die überlagerte Kante (Vgl. Schritt 2) durchgeführt, bis sich die Ebenen bzgl. der drei Soll−Meßpunkte und der drei Ist−Meßpunkte überlagern.

Die Anpassung der Meßfelder kann analog der beschriebenen Vorgehensweise bezüglich der Minimierung von Gestaltabweichungen unter geometrischen Gesichtspunkten vorgenommen werden (Vgl. Kap. 6.4.1). Dabei werden die quadratischen Abstände zwischen den Punktepaaren der eingegrenzten Bereiche in den überlagerten Meßfeldern minimiert.

Die Auswahl der Punkte wird so getroffen, daß ein Punktepaar exakt übereinstimmt und zwei "theoretische Kanten" eines Urmodells aufeinander abgebildet werden. Als Ergebnis der orthogonalen Transformation erhält man eine Rotationsmatrix R und einen Translationsvektor t. Die Matrizen müssen dann im CAD−System auf das anzupassende Meßfeld übertragen werden.

7.2   Anwendungen des Ablaufs zur Minimierung von Streuungen

Der in Kapitel 6.5 beschriebene, systematische Ablauf basiert auf den Methoden der statistischen Versuchsplanung. Dieser Ablauf dient der Analyse unbekannter Haupteinflußgrößen einschließlich Wechselwirkungen von Fertigungsprozessen, die sich auf Streuungen der Form auswirken. Aus den Zusammenhängen zwischen Haupteinflußgrößen und deren Wirkungen auf Streuungen können Maßnahmen zur Minimierung dieser Streuungen ergriffen werden.

Mit Hilfe des Ablaufs zur Minimierung von Streuungen wird die Ursachenbehebung letzterer nach den oben genannten Zusammenhängen verfolgt (Vgl. Kap. 6.5). Ziel ist die Verminderung des Einflusses von Störgrößen auf den Fertigungsprozeß. Weiterhin soll mit der Minimierung von Streuungen erreicht werden, daß der Fertigungsprozeß mit Hilfe von Methoden der Prozeßregelung, wie z.B. der SPC−Methode, gesteuert werden kann. Danach kann die Überprüfung der Form von Produkten auf Stichproben begrenzt werden.

Neben der Anwendung des in Kapitel 6.5 beschriebenen Ablaufs auf Basis der Versuchsplanung im Fertigungsprozeß, kann dieser auch in der Entwicklung und Planung zur Spezifikation sowie zum Aufbau robuster Fertigungsprozesse eingesetzt werden. Dadurch wird die Minimierung von Streuungseinflüssen bereits in frühen Phasen der Entwicklung erreicht. Zudem können höhere Kosten durch Qualitätsmängel vermieden werden.

7.2.1 Fallbeispiel aus dem Rohbau

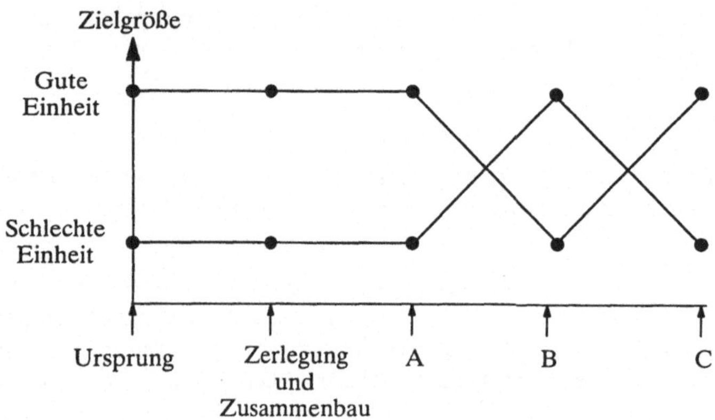

Bild 49: Resultate der Komponentenbestimmung

Anhand des Fallbeispiels Karosserie aus dem Rohbau wird der Ablauf bezüglich der Minimierung von Streuungen auf Basis der statistischen Versuchsplanung erläutert. In diesem Zusammenhang wird auch die Anwendung einfacher Methoden nach SHAININ vorgestellt.

Im Anschluß an den Rohbau gab es bei der Montage der vorderen rechten Blinkereinheit bei ca. 5 % eines Fahrzeugtyps Beanstandungen zu den Übergängen vom Blinker zur Karosserie. Fehler an der Karosserie wurden anfangs ausgeschlossen. Aus diesem Grund vermutete man, daß die Beanstandungen durch Streuungen der Form des Blinkers verursacht wurden. Messungen an der Form des Blinkers bestätigten teilweise die Annahme. Daraufhin wurden beim Zulieferer Maßnahmen an Blinkereinheiten ergriffen. Diese sollten zur Minimierung der Streuungen beitragen. Die beanstandeten Fehler traten jedoch weiterhin auf, obwohl sichergestellt worden war, daß die gelieferten Blinkereinheiten in Ordnung waren.

Da die Ursachen der weiterhin auftretenden Streuungen nicht bekannt waren, entschloß man sich zur Anwendung der statistischen Versuchsplanung. Folgende Ergebnisse wurden in einer Teamsitzung ermittelt:

– Zielgröße:

Abweichung des Blinkers bezüglich der Seitenwand

– Parameterliste:

  A: Form des Blinkers,
  B: Befestigung des Blinkers in der Karosserie und
  C: Lage der Seitenwand.

Als Methode der Versuchsplanung wurde der "Komponententausch" (Vgl. Kap. 4.2.3) gewählt. Die Ergebnisse der graphischen Auswertung ergaben eindeutig, daß der Parameter B die Ursache war. In Bild 49 ist dies an der vollkommenen Umkehrung der Verhältnisse beim Austausch von Komponente B zwischen einer guten und einer schlechten Einheit zu erkennen.

7.2.2   Fallbeispiel Türinnenverkleidung

In Kapitel 7.2.1 wurde ein einfaches Fallbeispiel beschrieben. Hierfür wurde eine Haupteinflußgröße mit Hilfe einer Versuchsmethode nach SHAININ bestimmt.

Am Fallbeispiel der Türinnenverkleidung soll nun ein komplexerer Ablauf zur Minimierung von Streuungen auf Basis der statistischen Versuchsplanung erläutert werden (Vgl. Kap. 6.5), wobei die gleichzeitige Untersuchung mehrerer Haupteinflußgrößen und Wechselwirkungen im Vordergrund steht.

Im vorliegenden Fallbeispiel löste sich der Stoff an der Türinnenverkleidung. In der Definitionsphase wurden folgende Inhalte in einem Ishikawa–Diagramm zusammengestellt, die für das Ablösen des Stoffes ausschlaggebend sein konnten (Vgl. Bild 50).

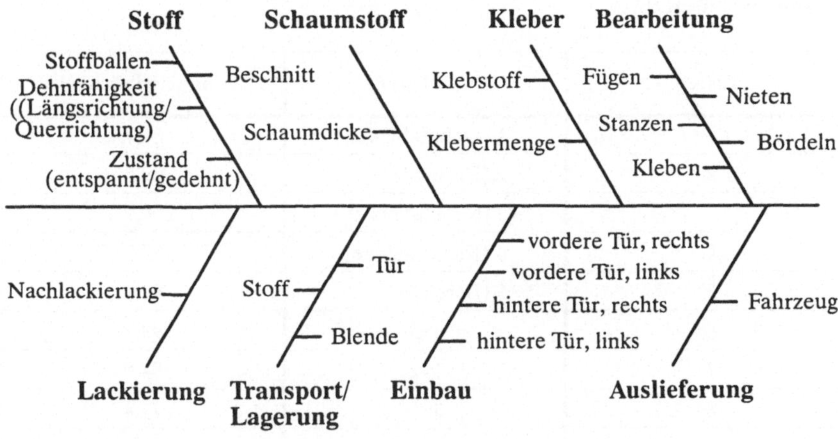

Bild 50: Ishikawa–Diagramm für die Türinnenverkleidung

In der Analysephase wurden in einer Teamsitzung – bestehend aus Experten des Rohbaus, der Montage, der Lackiererei und des Labors – Einflußgrößen bewertet, die zur Ablösung des Stoffeinsatzes führten. Hierbei wurden folgende fünf vermutete Einflußgrößen zusammen mit den Stufen der Parameter definiert:

1. Dehnfähigkeit des Stoffes:

   a) in Längsrichtung und
   b) in Querrichtung.

2. Zustand des Stoffes beim Verkleben:

   a) gedehnt und
   b) entspannt.

3. Schaumdicke (Schaumstoff zwischen Innenverkleidung und Tür zur Dämpfung):

   a) 3,4 mm und
   b) 4,6 mm.

4. Auftragsmenge des Klebers auf den Stoffzuschnitt:

   a) Vorne: 5g, Hinten: 7g,
   b) Vorne: 7g, Hinten: 10g und
   c) Vorne: 9g, Hinten: 13g.

5. Innenverkleidung:

   a) vordere Tür, links,
   b) vordere Tür, rechts,
   c) hintere Tür, links und
   d) hintere Tür, rechts.

Zeile	Einflußgröße	Wahrscheinlichkeit
1	1 (Dehnfähigkeit)	86,7
2	2 (Zustand)	99,6
3	3 (Schaumdicke)	99,9
4	4 (Klebermenge)	99,9
5	5 (Bereich)	99,9
6	4×3	99,3
7	1×2	94,9
8	3×5	77,4
9	2×4	76,1
10	5^2	95,4

Tabelle 18: Wahrscheinlichkeit von Haupteinflußgrößen einschließlich Wechselwirkungen

Neben den aufgestellten Einflußgrößen wurden Wechselwirkungen zwischen diesen Einflußgrößen vermutet. Aus diesem Grund entschloß man sich, einen vollständigen Versuch durchzuführen, um sämtliche Wechselwirkungen zu berücksichtigen. Dabei wurden höherwertige Wechselwirkungen vernachlässigt. Ein Versuchsplan nach TAGUCHI wurde aufgrund der unklaren Wechselwirkungen sowie der bereits wenigen vermuteten Versuchsparameter nicht in Erwägung gezogen.

Als meßbare Zielgröße wurde die Ablösung des Stoffes bestimmt. Dazu wurde bei jedem Versuch der Stoff von Hand abgezogen. Die Fläche des abgezogenen Stoffes wurde gemessen und der Zielgröße gleichgesetzt (Ablösung). Je niedriger der Wert der Ablösung war, desto besser hielt der Stoff auf der Innenverkleidung.

Basierend auf den oben beschriebenen fünf Einflußgrößen und deren Parameterstufen sowie der Ablösung des Stoffes als meßbare Zielgröße, wurde dann der Versuchsplan zusammengestellt. Dazu mußten $2^1 \cdot 2^1 \cdot 2^1 \cdot 3^1 \cdot 4^1 = 2^3 \cdot 3^1 \cdot 4^1 = 96$ Versuche durchgeführt werden.

Mit Hilfe des Anwenderprogrammes RS/1 der Firma BBN wurden die Versuchsergebnisse des vollständigen Versuchsplanes ausgewertet /51/. Die wesentlichen Ergebnisse der Auswertung wurden in Tabelle 18 zusammengefaßt.

Die fünf vermuteten Einflußgrößen in Zeile 1–5 wurden bestätigt (Vgl. Tabelle 18). Weiterhin wurden vier Wechselwirkungen bestimmt (Zeilen 6–9). Der Bereich der Innenverkleidung übte einen quadratischen Einfluß auf die Zielgröße aus (Zeile 10). Dieser quadratische Einfluß war durch die ungenaue Maschineneinstellung der Schweißanlage (Druck, Abkühlgeschwindigkeit, usw.) für das Verkleben des Stoffes verantwortlich.

Weiterhin ergab die Versuchsauswertung, daß die fünf vermuteten Einflußgrößen nur einen Anteil von 63,9 % auf das Ergebnis der Zielgrößen ausmachen. Diese Größe bedeutet, daß eine oder mehrere Haupteinflußgrößen nicht in der Auswertung enthalten waren. Eine wesentliche Einflußgröße wurde bewußt nicht in die Betrachtung einbezogen. Dabei handelt es sich um die Maschineneinstellung der Schweißanlage, die zum Verkleben des Stoffes notwendig ist. Aufgrund der Zielsetzung in der Definitionsphase wurden diese Parameter für die Minimierung der Streuungen ausgeschlossen. Das Ziel war, eine bestmögliche Minimierung durchzuführen, ohne Maßnahmen an der bestehenden Schweißanlage einzubeziehen.

Die graphische Versuchsauswertung wird anhand von zwei Beispielen erläutert. Im ersten Beispiel wird in einer zweidimensionalen Darstellung der Zusammenhang zwischen Klebermenge, Schaumdicke und der Zielgröße aufgezeigt (Vgl. Bild 51). Je geringer die Klebermenge und je dicker die Schaumdicke ist, umso geringer ist die Ablösung des Stoffes von der Türinnenverkleidung.

In einem zweiten Beispiel wird der gleiche Sachverhalt wie im letzten Abschnitt anhand einer dreidimensionalen Darstellung hervorgehoben (Vgl. Bild 52). Anhand der Auswertungen werden die optimalen Einstellungen für den Bestätigungsversuch ermittelt. Daraus ergeben sich die Parametereinstellungen aus Tabelle 19.

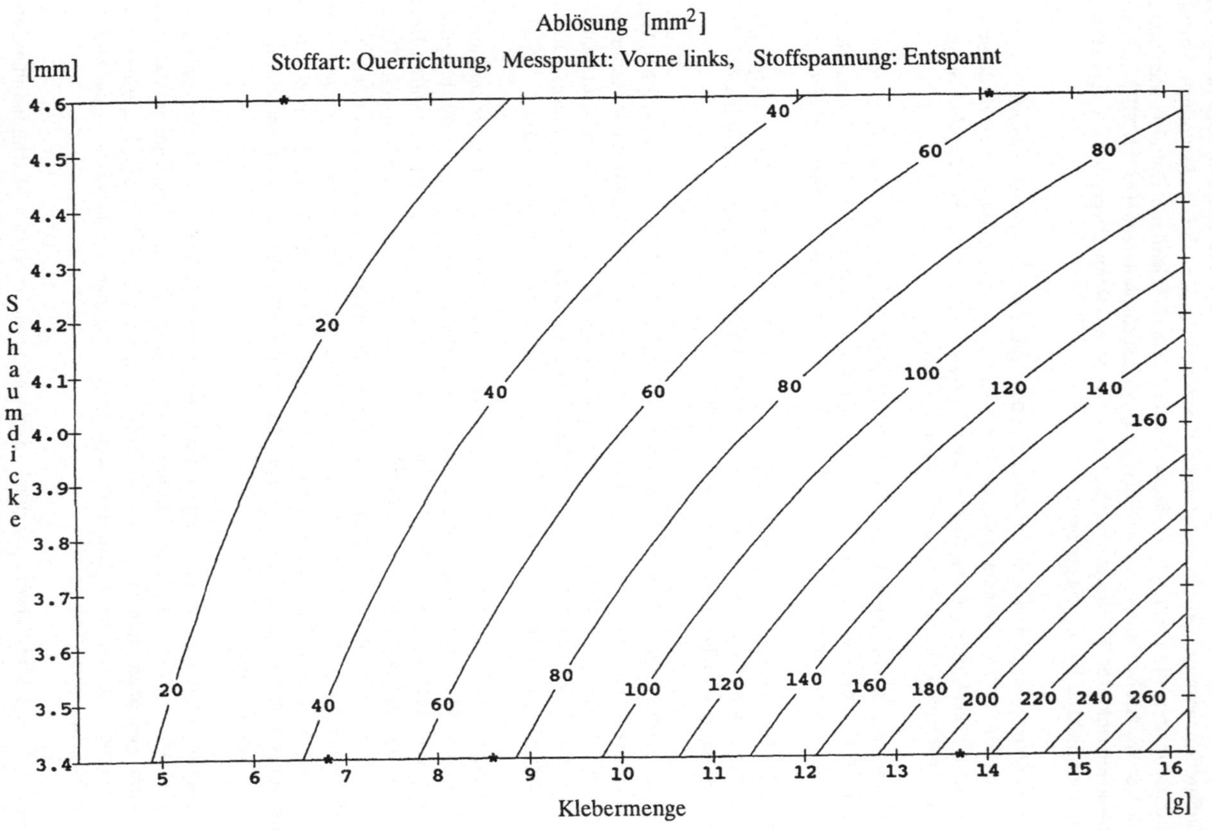

Bild 51: Zweidimensionale Auswertung (Auswirkungen der Schaumdicke und Klebermenge auf die Ablösung)

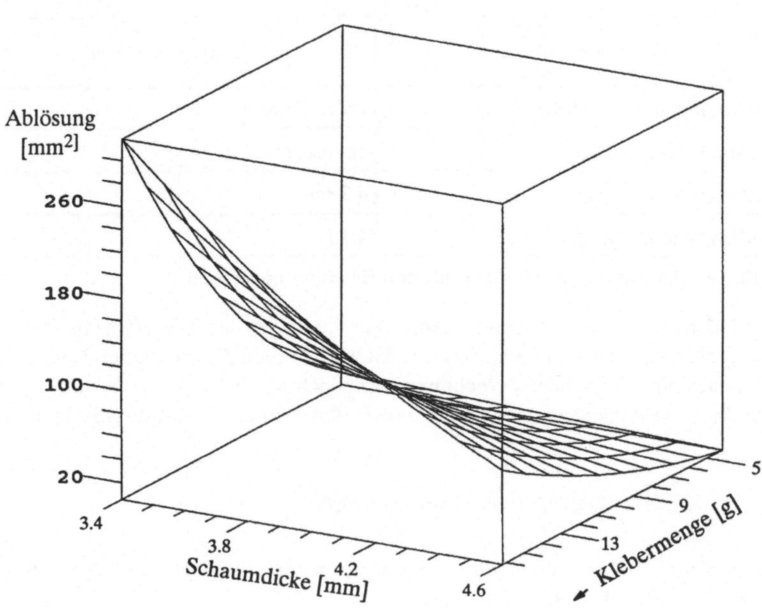

Bild 52: Dreidimensionale Auswertung (Auswirkungen der Schaumdicke und Klebermenge auf die Ablösung)

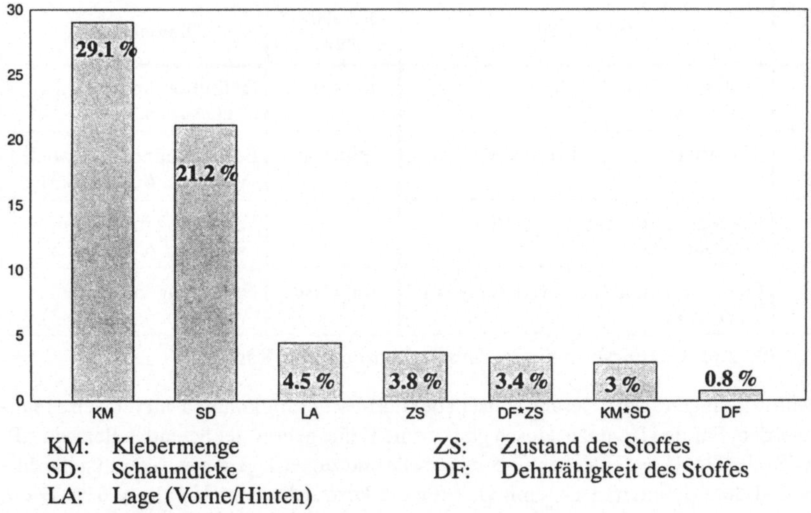

KM: Klebermenge ZS: Zustand des Stoffes
SD: Schaumdicke DF: Dehnfähigkeit des Stoffes
LA: Lage (Vorne/Hinten)

Bild 53: Ergebnis der Varianzanalyse

Parameter	Optimaler Wert
1. Dehnfähigkeit des Stoffes	Querrichtung
2. Zustand des Stoffes	entspannt
3. Schaumdicke	4.2 mm
4. Auftragsmenge des Klebers	4.1 g

Tabelle 19: Parametereinstellungen für den Bestätigungsversuch

Abschließend wurde der prozentuale Anteil der Parameter bezogen auf die meßbare Zielgröße (Ablösung) bestimmt (Vgl. Bild 53). Hierfür wurden die ermittelten Haupteinflußgrößen nacheinander bei der Berechnung berücksichtigt. Dabei hatte die Auftragsmenge des Klebers sowie die Schaumdicke des Stoffes den größten Einfluß auf die Zielgröße.

7.3 Erfüllungsgrad der Anforderungen

Entsprechend den Anforderungen aus Kapitel 5 werden die Ergebnisse dieser Arbeit in den nun folgenden Abschnitten bewertet.

7.3.1 Gesamtkonzept

Nr.	Forderung	Realisierung	Bemerkung
1	Genormte Schnittstellen/ Datenaustausch	teilweise	Definition im Modell (Vgl. Kap. 6.3)
2	Klassifizierung von Prüfmerkmalen	teilweise	Beschreibung im Modell (Vgl. Kap. 6.1 und 6.3)
3	Festlegung funktionstragender Wirkflächen	teilweise	Festlegung im Modell (Vgl. Kap. 6.1 und 6.3)
4	Funktionsorientierte Festlegung von Toleranzen	teilweise	Festlegung im Modell (Vgl. Kap. 6.1 und 6.3)

Tabelle 20: Anforderungsliste für das Gesamtkonzept (Vgl. Kap. 5.1)

Die Anforderungen an das Gesamtkonzept der Formsicherung konnten nur teilweise realisiert werden. Für den Datenaustausch gibt es eine Reihe genormter Schnittstellen wie z.B. VDAFS oder DMIS; es fehlt aber eine universelle und zugleich genormte Schnittstelle entsprechend dem definierten Datenmodell für die Formsicherung (Vgl. Kap. 6.3). Diese Schnittstelle ist sowohl für die bereichs– und werksübergreifende Formsicherung als auch für die Zulieferer erforderlich.

Im Rahmen dieser Arbeit wurden Prüfmerkmale von funktionstragenden Wirkflächen für die Minimierung von Gestaltabweichungen berücksichtigt. Nach diesem Schema kann die Klassifizierung von Prüfmerkmalen für den gesamten Produktentstehungsprozeß aufgebaut werden. Voraussetzung für die Klassifizierung ist die Festlegung von funktionstragenden Wirkflächen einschließlich der Toleranzen, was heute noch nicht im CAD–Datenmodell gegeben ist.

Das Gesamtkonzept konnte nur im Modell dargestellt werden, da die Umsetzung langfristig angelegt ist. Beispielsweise könnten die Anforderungen durch interdisziplinäre Arbeitsgruppen bearbeitet werden. Das Gesamtkonzept stellt aber die Grundlage für die Minimierung von Gestaltabweichungen und Streuungen dar.

7.3.2 Minimierung von Gestaltabweichungen

Nr.	Forderung	Realisierung
1	Funktionsorientierte Auswertung	komplett
2	Einbeziehung von Rahmenbedingungen	komplett
3	Rechnerunterstützte Simulation	komplett
4	Automatisierung der Simulationen	komplett

Tabelle 21: Anforderungsliste für die Minimierung von Gestaltabweichungen (Vgl. Kap. 5.2)

Mit Hilfe der entwickelten Algorithmen zur Minimierung von Gestaltabweichungen können funktionsorientierte Auswertungen berechnet werden. Dabei werden Rahmenbedingungen mit der Festlegung von Einpaßtoleranzen für Meßpunkte auf funktionstragenden Wirkflächen mit einbezogen. Diese Einpaßtoleranzen werden aus dem Prüfplan übernommen, wobei sie aber entsprechend den Rahmenbedingungen angepaßt werden. Unterschiedliche Betrachtungen lassen sich somit rechnerunterstützt simulieren. Weiterhin werden die Parameter der Simulation gespeichert.

Zusammenfassend werden folgende Anforderungen erfüllt (Vgl. Tab. 21):

– Für die rechnerunterstützte Einpassung werden Meßpunkte auf funktionstragenden Wirkflächen ausgewählt. Damit lassen sich funktionsorientierte Auswertungen generieren.

– Rahmenbedingungen werden durch die Definition von Einpaßtoleranzen für Meßpunkte auf funktionstragenden Wirkflächen mit in die Betrachtung einbezogen.

– Betrachtungen unter geometrischen, funktionalen und verformungstechnischen Gesichtspunkten können mit Hilfe der Algorithmen simuliert werden.

– Parameter der Simulation (Meßpunktnummern auf funktionstragenden Wirkflächen und deren Einpaßtoleranzen) werden in einer Datei gespeichert. Damit können weitere

Einpassungen mit neuen Ist – Meßdaten automatisch generiert werden. Auf dieser Basis kann der Algorithmus für eine selektive Montage eingesetzt werden.

Mit Hilfe der Algorithmen ist es möglich, schneller funktionsorientierte Aussagen in bezug auf Gestaltabweichungen herzuleiten. Früher war es notwendig, Meßergebnisse in bezug auf die jeweiligen Rahmenbedingungen zu gewinnen. Dies kann heute durch die Algorithmen simuliert werden, wobei Ressourcen in der Formsicherung reduziert werden. Weiterhin werden Korrekturmaßnahmen gezielter und schneller umgesetzt, wodurch die Qualität der Produkte verbessert wird.

7.3.3   Minimierung von Streuungen

Der strukturierte und systematische Ablauf auf Basis der statistischen Versuchsplanung ermöglicht die Bestimmung der Haupteinflußgrößen von Streuungen. Dabei werden die Zusammenhänge zwischen Haupteinflußgrößen und meßbaren Zielgrößen ermittelt, wodurch Maßnahmen zur Minimierung von Streuungen hergeleitet werden (Vgl. Tab. 22).

In der bisherigen Vorgehensweise wurden in der Formsicherung Verbesserungsmaßnahmen zur Reduzierung von Streuungen auf der Grundlage von Expertenwissen eingeleitet. Dadurch konnten zwar Streuungen reduziert werden, bei komplexen Produkten wurde aber oft nicht das Minimum erreicht, da die Wirkungen von Haupteinflußgrößen einschließlich Wechselwirkungen auf Streuungen nicht bekannt waren. Mit Hilfe des entwickelten Ablaufs für die Formsicherung können aber heute Haupteinflußgrößen zur Minimierung von Streuungen ermittelt werden.

Der entwickelte Ablauf erfordert von den Anwendern einen zusätzlichen Einsatz an Ressourcen. Es wird aber versucht, diesen Einsatz auszugleichen, indem Prüfmerkmale neu definiert werden. Dabei werden Toleranzen für Prüfmerkmale erweitert, welche keinen Einfluß auf Haupteinflußgrößen ausüben. Zudem wird die Qualität der Produkte verbessert, da Haupteinflußgrößen von Streuungen bekannt sind und somit präventive Maßnahmen ergriffen werden können.

Nr.	Forderung	Realisierung
1	Bestimmung von Haupteinflußgrößen durch Streuungen	komplett
2	Zusammenhänge zwischen Haupteinflußgrößen und Zielgrößen	komplett
3	Systematischer Ablauf für die Minimierung von Streuungen	komplett

Tabelle 22: Anforderungsliste für die Minimierung von Streuungen (Vgl. Kap. 5.3)

8　　　Zusammenfassung

In der Automobilindustrie sind zahlreiche Schritte zur Entwicklung der Form eines neuen Produktes notwendig, bis letztendlich serienreife Einzelteile im Preßwerk hergestellt und anschließend im Rohbau zusammengebaut werden können. Hierfür werden in den einzelnen Phasen der Entwicklung und Planung Stylingmodelle, CAD−Datenmodelle, Urmodelle und Fertigungsmittel entwickelt. Danach wird die Form der Einzelteile, welche mit Versuchs− oder Serienwerkzeugen hergestellt werden, unter funktions−, fertigungs− und montagetechnischen Gesichtspunkten beurteilt. Gestaltabweichungen eines Produktes werden in der Regel mit Hilfe der Koordinatenmeßtechnik ermittelt. Anhand dieser Abweichungen müssen Korrekturmaßnahmen erfolgen. Der ständige Verbesserungsprozeß erfordert hierfür effiziente Regelmechanismen.

Gegenstand dieser Arbeit ist die Formsicherung in der Entwicklung, Planung und Fertigung von Einzelteilen und Baugruppen in der Automobilindustrie. Abläufe der Formsicherung mit durchgängigen Prüfmerkmalen und Toleranzen im Produktentstehungsprozeß werden anhand einer funktionsorientierten Sichtweise dargestellt.

Es werden rechnerunterstützte Algorithmen im Hinblick auf die Minimierung von Gestaltabweichungen an Einzelteilen und Baugruppen aufgezeigt. Weiterhin wird ein Ablauf zur Minimierung von Streuungen bei Serienteilen auf Basis der statistischen Versuchsplanung hergeleitet. Die Ergebnisse dieser Arbeit sind auf den Produktentstehungsprozeß der Prozeßkette Karosserie übertragen. Aus diesem Grund ist auch eine Analyse und Beschreibung der bereichs− und unternehmensübergreifenden Formsicherung mit Blick auf die Informationsverarbeitung erforderlich. Hierfür wird ein Modell der Formsicherung skizziert, das die Grundlage für die Anwendung der entwickelten Algorithmen und Abläufe zur Minimierung von Gestaltabweichungen bzw. Streuungen bildet.

Mit Hilfe der entwickelten Algorithmen wird die Qualitätslenkung in ihren Aufgaben unterstützt. Für diese Aufgaben werden Verbesserungsmaßnahmen rechnerunterstützt hergeleitet. Die Minimierung von Gestaltabweichungen wird unter Berücksichtigung von Rahmenbedingungen aus den Bereichen der Entwicklung, Planung oder Fertigung simuliert. Unterschiedliche Betrachtungsweisen können so auf dem Rechner analysiert werden.

Die wesentlichen Merkmale der Algorithmen sind:

− Berücksichtigung funktionstragender Wirkflächen,
− Einbeziehung von Rahmenbedingungen,
− Automatisierung bei sich wiederholenden Einpassungen und
− Graphische und numerische Dokumentation der Ergebnisse.

Der Einsatz der Algorithmen wird in unterschiedlichen Anwendungen sowohl an Einzelteilen als auch an Baugruppen der Karosserie erläutert. Hierbei wird in erster Linie eine optimale Einpassung zwischen Ist− und Soll−Meßpunkten unter funktionalen Gesichtspunkten durchgeführt. Erreicht wird damit, daß Funktionen eines Produktes bezüglich der geometrischen Oberfläche beurteilt werden können.

In der Regel werden Gestaltabweichungen der Istoberfläche von der geometrischen Oberfläche anhand eines Soll−Ist−Vergleichs ermittelt. Die entwickelten Algorithmen erlauben aber auch eine gemeinschaftliche Analyse zueinandergehörender Bauteile. So kann beispielsweise der Heckfensterausschnitt der Karosserie zusammen mit der Heckscheibe unter funktionalen Gesichtspunkten analysiert werden.

Kostenintensive Meß– und Prüfeinrichtungen sowie damit zusammenhängende Kosten durch Qualitätssicherungsstellen – Prüfmitteleinsatzplanung, Prüfmittelüberwachung, Prüfplanerstellung, Prüfdatenauswertung – können durch die entwickelten Algorithmen vermieden werden. Weiterhin läßt sich durch die Algorithmen die Effizienz von Verbesserungsmaßnahmen steigern.

Bei Serienteilen können sich Streuungen der Form auf die Funktion des Enderzeugnisses auswirken. Aufgrund der komplexen Produkte wird deshalb ein strukturierter und systematischer Ablauf aufgebaut, der auf Methoden der statistischen Versuchsplanung basiert. Mit Hilfe dieses Ablaufs und der Methodik wird die Analyse bzw. Minimierung von Streuungen unterstützt. Damit werden Haupteinflußgrößen von Streuungen und deren Auswirkungen auf meßbare Zielgrößen hergeleitet. Anhand dieser Zusammenhänge können dann Spezifikationen neuer, robuster Fertigungsprozesse festgelegt werden. An bereits bestehenden Fertigungsprozessen wird die Minimierung von Streuungen erreicht.

Mit Hilfe des entworfenen Ablaufmodells zur Minimierung von Streuungen kann der Ressourceneinsatz in der Fertigung reduziert werden. Dies hat positive Auswirkungen sowohl auf die Qualitätssicherung in der Serienfertigung als auch auf den eigentlichen Fertigungsprozeß. Langfristig soll damit erreicht werden, daß die Formsicherung mit Stichproben und Methoden der statistischen Prozeßregelung auskommt.

In dieser Arbeit sind speziell Probleme und Lösungen für die Formsicherung in der Automobilindustrie bearbeitet. Hierzu notwendige Regelmechanismen, die der Minimierung von Gestaltabweichungen bzw. Streuungen dienen, können auch in anderen Branchen bei ähnlichen Problemstellungen eingesetzt werden.

9   Schrifttum

/1/   Warnecke, H. J.:   Der Produktionsbetrieb.
                             Berlin u.a.: Springer, 1984

/2/   Pischetsrieder, B.:   Zeitorientierte Ablauforganisation − Anforderungen, An-
                             satzpunkte, Instrumente. In: Wettbewerbsfaktor Zeit in Pro-
                             duktionsunternehmen, Münchener Kolloquium '91.
                             Berlin u.a.: Springer, 1991

/3/   Womack, J. P.;   Die zweite Revolution in der Autoindustrie.
      Jones, D. T.;   Konsequenzen aus der weltweiten Studie aus dem
      Roos, D.:   Massachusetts Institute of Technology.
                             Frankfurt u.a.: Campus, 1991

/4/   Warnecke, H. J.:   Die fraktale Fabrik. Revolution der Unternehmenskultur.
                             Berlin u.a.: Springer, 1992

/5/   VDA: Qualitätskontrolle in der Automobilindustrie,
                             − Sicherung der Qualität vor Serieneinsatz.
                             Frankfurt: Verband der Automobilindustrie e. V., 1986

/6/   Jung, A.:   Funktionale Gestaltbildung. Gestaltbildende Konstruktions-
                             lehre für Vorrichtungen, Geräte, Instrumente und Maschinen.
                             Berlin u.a.: Springer, 1989

/7/   DIN ISO 8015:   Tolerierungsgrundsatz. Berlin u.a.: Beuth, 1985

/8/   DIN ISO 1101:   Technische Zeichnungen. Form− und Lagetolerierung.
                             Form−, Richtungs−, Orts− und Lauftoleranzen. Allgemei-
                             nes, Definition, Symbole, Zeichnungseintragungen.
                             Berlin: Beuth, 1985

/9/   DIN ISO 5459:   Technische Zeichnungen. Form− und Lagetolerierung. Be-
                             züge und Bezugssysteme für geometrische Toleranzen.
                             Berlin u.a.: Beuth, 1982

/10/ Garbrecht, T.:   Ein Beitrag zur Meßdatenverarbeitung in der Koordinaten-
                             meßtechnik. IPA−IAO Forschung und Praxis Nr. 158,
                             Berlin u.a.: Springer, 1991

/11/ Beitz, W.;   Dubbel − Taschenbuch für den Maschinenbau.
      Küttner, K.−H.:   Berlin u.a.: Springer, 1981, S. 1267 − 1282

/12/ Deming, W. E.:   Out of the Crisis. Massachusetts Institute of Technology.
                             Seventh Printing, 1989

/13/ Juran, J. M.:   Handbuch der Qualitätsplanung.
                             Landsberg/Lech: mi moderne industrie, 1989

/14/ Taguchi, G.: Minimierung von Verlusten durch Prozeßbeherrschung. München: gmft, 1989

/15/ Kersten, G.: Steuerung und Unterstützung von Produkt- und Prozeßentwicklung durch Methoden der präventiven Qualitätssicherung. In: Steuerungen (1990) 9, S. 20 – 23

/16/ Kirstein, H.: Qualitätssicherung im Unternehmen: Methode – Strategie – Philosophie. In: QZ 37 (1992) 7, S. 400–403

/17/ Sullivan, L. P.: Der Erfolgreiche setzt Maßstäbe. In: QZ 36 (1991) 12, S. 681 – 686

/18/ Mohr, G.: Qualitätsverbesserung im Produktionsprozeß. Würzburg: Vogel Fachbuch, 1991

/19/ Nedeß, C.; Holst, G.: Hilfen für die statistische Versuchsplanung?, Teil 1. In: QZ 37 (1992) 2, S. 93–97

/20/ Nedeß, C.; Holst, G.: Hilfen für die statistische Versuchsplanung?, Teil 2. In: QZ 37 (1992) 3, S. 157–159

/21/ Nedeß, C.; Holst, G.: Hilfen für die statistische Versuchsplanung?, Teil 3. In: QZ 37 (1992) 4, S. 202–204

/22/ Kleppmann, W. G.: Statistische Versuchsplanung – Klassisch, Taguchi oder Shainin?. In: QZ 37 (1992) 2, S. 89–91

/23/ Quentin, H.: Grundzüge, Anwendungsmöglichkeiten und Grenzen der Shainin–Methoden, Teil 1. In: QZ 37 (1992) 6, S. 345–348.

/24/ Quentin, H.: Grundzüge, Anwendungsmöglichkeiten und Grenzen der Shainin–Methoden, Teil 2. In: QZ 37 (1992) 7, S. 416–419

/25/ Bothe, K. R.: Qualität – Der Weg zur Weltspitze. Braunschweig: Döring Druck, 1990

/26/ Krottmaier, J.: Versuchsplanung. Köln: Verlag TÜV Rheinland, 1990

/27/ Heggmair, L.: CAD–Datenaustausch im Fahrzeugbau – Ergebnisse und Strategien des Arbeitskreises "CAD/CAM" im VDA. In: VDI Berichte 993.2, VDI Verlag, 1992, S. 1 – 12

/28/ N.N.: VDAFS–Flächenschnittstelle, Version 2.0. Verband der Automobilindustrie e.V., Frankfurt am Main, 1986

/29/ N.N.: Dimensional Measuring Interface Specification, Version 2.1. CAM–i, Computer Aided Manufacturing–Inc., Arlington, Texas, USA, 1989

/30/ Bläsing, J. P.:   CAQ−Entwicklungen in CIM − Ansätze zukünftiger Quali-
                 tätssicherung. In: CAQ. Qualitätssicherung unter CIM−Zie-
                 len. Wiesbaden: Vieweg Verlag, S. 135 − 149

/31/ Eversheim, W.;   Integration der Prüfplanerstellung in CAD−
     Zeller, P.;   Systeme, Teil 1: Grundlagen für die Entwicklung
     Kloten, B.:   eines Konzeptes. In: QZ 36 (1991) 5, S. 291 − 296

/32/ Eversheim, W.;   Integration der Prüfplanerstellung in CAD−
     Zeller, P.;   Systeme, Teil 2: Konzept und Prototyprealisierung.
     Kloten, B.:   In: QZ 36 (1991) 12, S. 311 − 315

/33/ Bode, C.;   Beurteilung von CAD−gestützten Programmier−
     Friedrich, O.;   systemen für Koordinatenmeßgeräte.
     Gerlach, D.:   In: QZ 36 (1991) 6, S. 355 − 358

/34/ Sprang, S.;   CAD−integrierte Off−line−Programmierung
     Sterk, S.:   von Koordinatenmeßgeräten. In: QZ 37 (1992) 5, S. 137 − 142

/35/ Neumann, H. J.:   Einbindung von Koordinatenmeßgeräten in die Fertigung. In:
                 Neumann, H. J.: CNC−Koordinatenmeßtechnik. Esslingen:
                 expert−Verlag, 1988, Band 172, S. 36 − 74

/36/ Neumann, H. J.:   Koordinatenmeßtechnik in die Fertigung integrieren.
                 In: QZ 35 (1990) 10, S. 577 − 580

/37/ Neumann, H. J.:   Koordinatenmeßtechnik.
                 Ehningen: expert−Verlag, 1993, Band 426

/38/ Pfeifer, T.;   Werkstückorientierte Meßtechnik prozeßnah gestalten.
     Elzer, J.;   In: VDI−Z 132 (1990) 12, S. 80 − 83
     Steffen, T.;
     Hollmann, F.:

/39/ Steinisiek, E.:   Meß− und Prüftechnik zur Fertigungsautomatisierung.
                 Köln: Verlag TÜV Rheinland, 1990

/40/ Bremer, C.;   Digitalisierung und CNC/CAD/CAM−Aufbereitung.
     Schulte, K.:   In: Werkstattstechnik 80 (1990) 9, S. 514 − 516

/41/ Budzynski, E.;   3D−Digitalisierung von Freiformflächen mit
     Aretz, R.M.:   Laser. In: VDI−Z 132 (1990) 7, S. 49 − 52

/42/ Abendroth, H.:   Optische Meßtechnik. In: Drews, R.: Meßtechnik am Kraft-
                 fahrzeug, mobil und stationär. Esslingen: expert verlag, Band
                 344, 1991, S. 112 − 145

/43/ Sondermann, J. P.; Neue Wege in der Koordinatenmeßtechnik.
     Nimz, P.:   Mobile 3 D−Meßsysteme im industriellen Umfeld.
                 In: QZ 35 (1990) 4, S. 210 − 215

/44/ Bruhn, H.;
Wittwer, W.:

Digitale Fotogrammetrische Bildauswertung im
industriellen Fahrzeugbau.
In: Vorträge der 43. Fotogrammetrischen Woche
an der Universität Stuttgart, Sept. 1991, S. 227 − 243

/45/ Hantich, C.:

Analyse der CAQ−Systeme (MQMESS/VAMESS) im Karosseriebau der BMW AG. Diplomarbeit (BMW − FH München,
Fachbereich Wirtschaftsingenieurwesen) München, 1991

/46/ Weckenmann, A.;
Weber, H.:

Funktions− und fertigungsorientiert auswerten.
Auswerteverfahren in der Koordinatenmeßtechnik.
In: QZ 37 (1992) 12, S. 727 − 733

/47/ Pfeifer, T.;
Köppe, D.;
Prefi, T.:

QDES, ein produkt− und branchenneutraler
Qualitätsinformationssatz.
In: QZ 35 (1990) 8, S. 485 − 490

/48/ Grabscheid, J.;
Hirschmann, K−H.;
Lechner, G.:

Produktqualität mit einem räumlichen
Toleranzmodell steigern.
In: QZ 35 (1990) 10, S. CA 227 − CA 235

/49/ Schick, P.:

Systemoptimierung − Grenzen der Versuchsmethoden ergeb-
nisorientiert überschreiten. In: QZ 35 (1990) 12, S. 703 − 708

/50/ Schick, P.:

Systemoptimierung − Parametrische Systemauslegung durch
geplante Versuche. München: BMW AG Qualitätssicherung.
3. Auflage, 1990

/51/ Eberle, F.;
Zuber, E.:

Machbarkeitsstudie zur IV−unterstützten
Systemoptimierung.
München: BMW AG Qualitätssicherung, 1992

/52/ Kocher, M.:

Lineare Algebra und analytische Geometrie.
Berlin u.a.: Springer, 1985, S. 214 − 222

/53/ Schwarz, H. R.:

Numerische Mathematik.
Stuttgart: B. G. Teubner, 1986

/54/ Bronstein, S.:

Taschenbuch der Mathematik.
Frankfurt u.a.: Verlag Harri Deutsch, 1981

/55/ Braun, M.;
Wald, E.:

Unternehmensqualität − Methoden und Training.
Schulungsunterlagen von BMW.

/56/ Kepner, C. H.;
Tregoe, B. B.:

Entscheidungen vorbereiten und richtig treffen.
Landsberg: mi moderne industrie, 1988

/57/ Franzkowski, R.:

Versuchsmethodik. In: Masing, W.: Handbuch der Qualitätssicherung. München u.a.: Carl Hanser, 1988, S. 383 − 419

/58/ Quentin, H.: Statistische Versuchsmethodik.
Korrelation – Varianzanalyse – Taguchi.
In: QZ 34 (1989) 5, S. 229–232

/59/ Steger,W.;
Eberle, F.: Informationsverbund stärkt Formen– und
Werkzeugbau. In: VDI–Z 133 (1991) 2, S. 52 – 56

/60/ Roth, S.: Merkmalorientiertes Prüfen freigeformter Oberflächen durch
Kopplung von CAD– und Meßtechnik.
In: VDI–Z 133 (1991) 9, S. 117–119

/61/ DIN 4760: Gestaltabweichungen. Begriffe, Ordnungssystem.
Berlin u.a.: Beuth, 1982

/62/ Lynen, W.;
Gravius, M.: Integration von Styling, Konstruktion, Berechnung
und Fertigung im Automobilbau innerhalb der
CAD/CAM Welt. In: Entwicklungsmethoden im
Automobilbau. Köln: Verlag TÜV Rheinland, 1990, S. 72 – 85

/63/ Abeln, O.: Die CA...–Techniken in der industriellen Praxis.
München u.a.: Hanser Verlag, 1990

/64/ Masing, W.: Handbuch der Qualitätssicherung.
München u.a.: Carl Hanser, 1988

/65/ Cronjäger, L.: Bausteine für die Fabrik der Zukunft.
Eine Einführung in die integrierte Produktion (CIM).
Berlin u.a.: Springer, 1990

/66/ Pfeifer, T.;
Gimpel, B.: Konzepte zur Produkt– und Prozeßoptimierung.
In: QZ 34 (1989) 6, S. 495 – 496

/67/ Schulze, C.: Einflußgrößen im Vorfeld der Statistischen Versuchsplanung.
In: QZ 36 (1991) 6, S. 334 – 339

/68/ Wichmann, H.: Design Process Auto.
Basel: Birkhäuser, 1987

10 Glossar

Im folgenden werden die für das Verständnis dieser Arbeit wichtigsten Begriffe kurz erläutert:

Form: (s. auch "Wirkliche Oberfläche")

Die Form entspricht der wirklichen Oberfläche von realen Produkten. Formen lassen sich in der Automobilindustrie an einer Vielzahl von Produkten im Produktentstehungsprozeß der Karosserie ausmachen. Hierzu zählen physische Modelle, Fertigungsmittel, Einzelteile oder Baugruppen der Karosserie.

Formsicherung:

Analog zu "Qualitätsmanagement" wird der Begriff "Formsicherung" verstanden. Dazu sind organisatorische und technische Maßnahmen zur Erzielung der geforderten Qualität der Form von Produkten unter Berücksichtigung der Wirtschaftlichkeit notwendig.

Freiformflächen:

Für die Beschreibung der Freiformflächen gibt es – im Gegensatz zu Regelgeometrien – keine mathematisch exakten, sondern nur annähernde Lösungen. Hierzu können beliebig gekrümmte Flächen durch mathematische Methoden approximierend oder interpolierend beschrieben werden. Bei den approximierenden Verfahren werden räumliche Punkte bestmöglich durch die Fläche beschrieben, während interpolierende Flächenbeschreibungen durch die Punkte verlaufen /59, 60/. Freiformflächen kommen sehr häufig in der Automobilindustrie und insbesondere im Karosseriebau vor.

Geometrische Oberfläche:

Die geometrische Oberfläche ist eine ideale Oberfläche, deren Nennform durch die Zeichnung und/oder andere technische Unterlagen definiert wird /61/.

Gestalt: (s. auch "Geometrische Oberfläche")

Unter Gestalt versteht man die mathematische Beschreibung von Geometrieelementen. Diese Beschreibung kann mit Hilfe von C–Technologien informationstechnisch weiterverarbeitet werden. In der gestaltbildenden Konstruktion wird die Geometrie eines Produktes, eines Fertigungsmittels oder eines Prüfmittels in einer technischen Zeichnung oder als CAD–Datenmodell beschrieben /6/.

In der Automobilindustrie wird das CAD–Datenmodell der Karosserie anhand von Digitalisierungsdaten physischer Modelle (Stylingmodelle oder Urmodelle) konstruiert. Dazu werden CAD–Funktionen zu Hilfe genommen /62, 63/.

Gestaltabweichung:

Gestaltabweichungen sind die Gesamtheit aller Abweichungen der Istoberfläche von der geometrischen Oberfläche. Die Gestaltabweichungen werden in sechs Ordnungen (Klassifizierung) unterteilt, wobei im Rahmen dieser Arbeit Gestaltabweichungen 1. Ordnung betrachtet werden. Gestaltabweichungen 1. Ordnung sind solche Abweichungen, die bei der Betrachtung der gesamten Istoberfläche eines Formelementes feststellbar sind, während sich Gestaltabweichungen der 2. bis 5. Ordnung auf Flächenausschnitte beziehen (z.B. Rauheit) /61/.

Istoberfläche:

Die Istoberfläche ist das meßtechnisch erfaßte, angenäherte Abbild der wirklichen Oberfläche eines Formelementes /61/.

Qualitätsmanagement:

Das Qualitätsmanagement ist die Gesamtheit aller organisatorischen und technischen Aktivitäten zur Erzielung der geforderten Qualität unter Berücksichtigung der Wirtschaftlichkeit. Die Aufgaben des Qualitätsmanagements lassen sich in drei Bereiche unterteilen /64, 65/:

    – Qualitätsplanung,
    – Qualitätsprüfung und
    – Qualitätslenkung.

CAQ stellt die Gesamtheit aller rechnerunterstützten Qualitätsmanagementaktivitäten dar.

Rahmenbedingungen:

Rahmenbedingungen sind Einschränkungen, die bei der Minimierung von Gestaltabweichungen mit rechnerunterstützten Algorithmen berücksichtigt werden müssen. Hierzu zählen Anschlußbereiche benachbarter Bauteile (z.B. Spalt oder Übergang), Produktfunktionen (z.B. Dichtheit von Ausschnitten) oder kritische Bereiche (z.B. sichtbare Außenkanten).

Regelgeometrische Elemente:

Regelgeometrische Elemente werden in der Koordinatenmeßtechnik als Standardformelemente bezeichnet. Hierzu zählen folgende Elemente /10/: Punkt, Gerade, Ebene, Kreis, Ellipse, Kugel, Zylinder und Kegel. Diese Elemente sind durch charakteristische Parameter mathematisch beschreibbar.

Regelmechanismen:

Regelmechanismen sind Abläufe zur Regelung einer bestimmten Größe. Auf die Formsicherung übertragen, sind Regelmechanismen zur Erzielung der geforderten Qualität der geometrischen Oberfläche notwendig. Im gleichen Zusammenhang wird auch der Begriff des Regelkreises verwendet.

In der Kybernetik besteht ein Regelkreis aus dem Regler R und der Regelstrecke S. Die Regelfunktion erfordert das Messen des Istwertes der Regelgröße, das Vergleichen des Istwertes mit dem Wert der Führungsgröße (Sollwert) und das Verstellen der Stellgröße bei Soll–Ist–Differenz zum Angleich der Regelgröße an die Führungsgröße /11/.

Statistische Versuchsplanung:

Die statistische Versuchsplanung ist ein Hilfsmittel zur optimalen Gestaltung von Produkten und Prozessen mit Techniken der Versuchsmethodik /66/. Die Versuchsmethodik basiert im wesentlichen darauf, daß mehrere Einflußgrößen, die auf einen technischen Vorgang einwirken, nach einem systematischen Schema gleichzeitig variiert und bezüglich ihrer Wirkung auf eine Zielgröße bewertet werden /67/.

In der statistischen Versuchsplanung finden klassische Versuchsmethoden oder Methoden von SHAININ oder TAGUCHI Anwendung /25/.

Streuungen

Streuungen in der Formsicherung entsprechen Gestaltabweichungen bei Serienteilen. Dargestellt werden Streuungen mit Hilfe statistischer Auswertungen.

Urmodell:

Urmodelle stellen das verbindliche Mustermodell der Oberflächengestalt (Geometrische Oberfläche) von Serienteilen dar. Durch Zusammensetzen der Urmodelle mehrerer zusammengehöriger Einzelteile entsteht ein "Cubingmodell". Mit dem Cubingmodell wird das Zusammenfügen der Einzelteile zu einer Gesamtgestalt geprüft und abgestimmt /68/.

Wirkliche Oberfläche: (s. auch "Form")

Die wirkliche Oberfläche ist die Oberfläche, die den Gegenstand von dem ihn umgebenden Medium trennt /61/.